U0236960

煤炭柔性保供研究

任世华　著

科学出版社

北　京

内 容 简 介

为贯彻落实党的二十大报告关于“积极稳妥推进碳达峰碳中和”“加强能源产供储销体系建设，确保能源安全”等要求，煤炭行业必须及时把握“双碳”目标下煤炭需求新变化，稳妥调整和优化煤炭供给能力和供给方式，柔性保障能源安全稳定供给。本书依托中国工程院战略咨询与研究项目，聚焦煤炭行业落实“双碳”目标的过程优化，全面梳理“双碳”目标对煤炭行业影响的关键因素，构建减碳政策对煤炭行业影响的传导机制模型，识别“双碳”目标对煤炭行业影响的传导路径；以“双碳”目标转化的政策措施为冲击变量，构建煤炭产量需求及波动预测模型，量化计算“双碳”目标下煤炭产量需求及波动幅度；基于煤炭产量需求及波动幅度，建立煤炭产能与储备产能优化布局模型，求解“双碳”目标下煤炭产能与储备产能动态优化布局方案；系统分析“双碳”目标下煤炭行业的挑战与机遇，提出煤炭行业应对“双碳”目标的发展策略。

本书可为煤炭及能源相关管理部门、研究机构及企事业单位提供参考，也可供高等院校能源战略、煤炭开发利用等相关专业的师生参考。

图书在版编目（CIP）数据

煤炭柔性保供研究 / 任世华著. -- 北京 ：科学出版社, 2024. 9.
ISBN 978-7-03-079586-1

Ⅰ. TD82

中国国家版本馆CIP数据核字第2024U2T826号

责任编辑：李 雪 李亚佩 / 责任校对：王萌萌
责任印制：师艳茹 / 封面设计：无极书装

科学出版社 出版
北京东黄城根北街 16 号
邮政编码: 100717
http://www.sciencep.com
北京华宇信诺印刷有限公司印刷
科学出版社发行 各地新华书店经销
*
2024 年 9 月第 一 版 开本：720 × 1000 1/16
2024 年 9 月第一次印刷 印张：11 1/2
字数：197 000

定价：120.00 元

（如有印装质量问题，我社负责调换）

前　　言

2020 年 9 月碳达峰碳中和的“双碳”目标提出后，一些观点预期煤炭需求和产量将会快速开始下降，出现了“去煤化”和“退出煤炭”的舆论和社会冲击，部分省份限制煤炭产能产量增长，甚至关闭、退出煤矿。然而，2021 年以来，我国煤炭产量持续增长，特别是 2022 年煤炭产量增幅高达 10.5%，但仍然供不应求，“双碳”目标对煤炭行业的影响预期与煤炭产量增长的现实形成较大的反差。

分析出现反差的原因，很大程度上是由于缺乏深入系统研究“双碳”目标对煤炭行业影响的传导机制，对“双碳”目标影响煤炭行业的基本逻辑和影响程度认识不清，影响了对煤炭产量需求的判断，进而影响了煤炭产能布局。党的二十大报告强调“积极稳妥推进碳达峰碳中和”“加强能源产供储销体系建设，确保能源安全”，习近平总书记在《求是》杂志发表的重要文章《推进生态文明建设需要处理好几个重大关系》强调“我们承诺的‘双碳’目标是确定不移的，但达到这一目标的路径和方式、节奏和力度则应该而且必须由我们自己作主，决不受他人左右”“要加快规划建设新型能源体系，确保能源安全”，更加要求煤炭行业准确把握“双碳”目标落地的节奏和力度，厘清“双碳”目标对煤炭行业影响的传导机制，动态客观研判“双碳”目标下煤炭需求新变化，及时科学优化煤炭产能产量，稳妥调整和优化煤炭供给能力和供给方式，柔性保障能源安全稳定供给，为推进中国式现代化提供可靠动能。

“双碳”目标影响煤炭行业是一个复杂的政策传导过程。“双碳”目标将推进经济社会广泛而深刻的系统性变革，对煤炭行业的影响是多层次的。总体来说，一是约束煤炭生产，在低成本碳捕集、利用与封存（CCUS）技术尚未大规模应用的情况下，减少或抵消煤炭生产碳排放，将增加煤炭生产成本或限制煤炭生产规模；二是约束煤炭需求，碳减排增加煤炭利用的成本，影响煤炭与其他能源的竞争力，将限制煤炭消费规模和煤炭需求；三是影响煤炭生产要素配置，影响对煤炭行业的未来预期，影响资本、人力、技术、数据等生产要素在行业间的配置，影响煤炭行业生产要素供给。然而，具体到不同时段有哪些影响、影响程度如何，取决于“双碳”目标对煤炭行业影响的传导过程，主要看“双碳”目标转化的政策强度、煤炭行业碳排放特征、煤炭供需等因素叠加影响程度。从“双碳”目标本身来看，“双碳”目标是国家长期战略，是行动指南，具有引导性，本身不强制约束生产经营活动，而是转化为落地实施的具体政策措施，才直接着力到相关活动和相关主体。“双碳”目标在不同阶段的要求是不同的，转化形成的政策措施的约束范围和约束强度也将是变化的。从煤炭开发利用碳排放特征来看，由于煤炭开发过程碳排放强度总体较低（2020 年 151.1kgCO_2/t），仅相当于不到煤炭燃烧的 7%，结构上以 CH_4 为主，且煤炭开发过程 CO_2 排放和温室气体排放已达峰值，限制碳排放对煤炭行业的直接影响将远低于经煤炭消费传导过来的间接影响，也将主要集中在碳中和阶段。“双碳”目标对煤炭行业的影响将以间接传导为主。从煤炭供需影响因素来看，煤炭行业发展也受到经济社会发展、技术进步、可替代能源等多重因素影响，可能在一定程度上抵消或放大“双碳”目标对煤炭行业的影响。“双碳”目标传导到煤炭行业也将是一个长期复杂的过程。

“双碳”目标对煤炭行业的最直接影响是增大煤炭产量需求的不确定性。鉴于我国化石能源的资源禀赋和可再生能源的不稳定性，煤炭被赋予能源兜底保障使命，承担为化石能源进口兜底、为可再生能源出力波动兜底、为能源消费超预期兜底的“三重”兜底任务。“双碳”目标下煤炭产量需求不确定性大幅增加，煤炭兜底保供的难度也将大幅增加。一是加大能源需求总量变化的不确定性。“双碳”目标转化为减碳政策，引导和约束经济社会发展，而经济社会根据自身运行对减碳政策做出反馈。减碳政策强度与经济社会承受能力之间的动态平衡，要求适时灵活调整减碳政策强度。减碳政策强度调整影响经济社会发展及其对能源的需求，增加能源需求总量变化的不确定性，进而增加煤炭产量需求的不确定性。二是加大可再生能源调峰需求不确定性。“双碳”目标要求加快非化石能源的发展，提高风能、光伏等可再生能源在能源体系中的占比。而风能、光伏等可再生能源受气候、天气、光照等不可控的自然条件影响，呈年际、季节性、日间波动，供给能力不确定性大。在大规模低成本储能未获得突破的背景下，可再生能源高比例接入能源体系，要求增加与之配套的煤炭调峰能力，而调峰有很强的不确定性，进而加大煤炭产量需求的不确定性。三是加大化石能源进口不确定性。“双碳”目标将助力国际碳中和进程，影响国内外对化石能源投资的积极性，进而影响国际上化石能源供给规模。化石能源出口国国内需求一旦增加，将优先供应国内，减少对外出口，增加我国化石能源进口的不确定性，进而增大我国国内煤炭产量需求的不确定性。多重不确定性叠加，将大幅增加我国煤炭产量需求波动的频率和幅度。

煤炭行业应对“双碳”目标影响的关键是灵活调节煤炭产能产量。当前以燃烧为主的利用方式，决定了煤炭开发利用不可避免地产生CO_2，存在“碳锁定”效应。长期来看，应以技术为王，加大加快减碳、用碳、固碳、零碳、负碳等技术的研发应用，合理处置煤炭利用产生的CO_2。而在近中期低成本 CCUS 技术未大规模应用的情况下，“双碳”目标将促进煤炭消费增速放缓或减量，煤炭行业的直接反馈将根据煤炭需求变化，优化产能布局，调整供给能力和供给方式，促进煤炭供给和需求动态平衡。然而，“双碳”目标加大煤炭产量需求波动幅度的方向是不确定的，有时需要快速大幅增加，有时需要快速大幅减少。不仅需要灵活优化按计划排产的常规煤炭产能，而且需要配置一定规模的可低成本宽负荷调节的煤炭储备产能，需要时可快速启动生产，不需要时可低成本保持生产能力，实现柔性供给。煤炭产能和煤炭储备产能优化布局，是“双碳”目标下发挥煤炭兜底保障作用需要解决的首要问题。

因此，继《煤炭碳中和战略与技术路径》后，在谢和平院士的指导下进一步聚焦煤炭行业落实“双碳”目标的过程优化，研究“双碳”目标对煤炭行业影响的传导机制，根据“双碳”目标转化为政策措施的强度，科学动态评估“双碳”目标对煤炭行业的影响，量化测算煤炭产量需求及波动幅度，并提出煤炭产能布局的优化策略，支撑煤炭发展战略、产业政策和相关政策措施制定，客观灵活把握产能调整节奏，既满足“双碳”目标实现的总体要求，也不冒进地大幅度退出煤炭产能，充分发挥煤炭的能源稳定器和压舱石作用，保障我国能源安全、支撑碳中和目标实现。

本书共 6 章。第 1 章阐述“双碳”目标对煤炭行业的影响预期与现实反差，明晰传导机制不清是出现反差的深层次原因，提出研究“双碳”目标对煤炭行业影响传导机制的主要方法。

第 2 章通过对“双碳”目标、煤炭行业、减碳政策等概念的分析界定，政策传导相关理论的总结梳理，煤炭开发利用碳排放模型构建及排放特征分析，以及煤炭需求/供给影响因素及作用机理分析，厘清“双碳”目标对煤炭行业影响的关键因素。

第 3 章从政策传导的视角，基于结构方程模型研究减碳政策对煤炭供需的影响，探讨“双碳”目标对煤炭行业影响的传导机制。基于“双碳”目标转化为具体的减碳政策措施对煤炭行业产生的影响，煤炭行业受影响程度与减碳政策强度、能源需求、可替代能源等多重因素相关，减碳政策也影响能源需求、可替代能源等相关因素，以减碳政策（政策驱动）为外源潜在变量，以社会经济、技术、可替代能源、要素投入等为内生潜在变量，建立减碳政策对煤炭行业影响的结构方程，构建“双碳”目标对煤炭行业影响的传导机制模型；以 2005～2020 年面板数据为基础，应用 SmartPLS 软件，检验指标选取的有效性，计算各个潜在变量间的路径系数和中介效应，识别“双碳”目标影响煤炭行业的主要路径。

第 4 章从能源供需平衡的视角，基于系统动力学模型研究减碳政策下煤炭产量需求的变化，探讨“双碳”目标对煤炭产量需求及其波动的影响。基于“双碳”目标改变煤炭消费格局进而影响煤炭产量需求规模，煤炭兜底保障定位和可替代能源的不稳定性加大煤炭产量需求波动，在识别“双碳”目标影响煤炭行业的主要路径基础上，运用系统动力学理论与方法，以“双碳”目标转化的政策措施为主要冲击变量，构建“双碳”目标下煤炭产量需求及波动预测系统动力学模型；以 2005～2020 年面板数据为基础，应用 Vensim PLE 软件，检验反馈机制的有效性，根据“双碳”目标转化为政策措施的不同强度，预测未来煤炭产量需求及波动幅度。

第 5 章从要素优化配置的视角，基于多目标动态规划模型研究减碳政策下煤炭产能调配策略，探讨“双碳”目标下煤炭产能与储备产能优化布局方案。基于煤炭产量与煤炭需求量动态平衡的要求，运用多目标动态规划模型，以系统动力学模型得出的煤炭产量需求及波动幅度为目标，以省份煤炭产能优化成本最小、全要素生产率增长率最大为原则，以煤炭产能利用率合理区间为约束，构建“双碳”目标下煤炭产能与储备产能优化布局模型；以 1990～2020 年面板数据为基础，应用 LINGO 软件，规划求解出“双碳”目标下煤炭产能和储备产能省份分配方案。

第 6 章根据识别出的“双碳”目标影响煤炭行业的主要路径以及“双碳”目标下煤炭产量需求及波动幅度、煤炭产能和储备产能省份分配方案等研究结果，研判“双碳”目标下煤炭行业面临的挑战与机遇，探讨煤炭行业的未来发展方向，提出煤炭行业应对“双碳”目标影响的发展策略建议。

本书出版得到了中国工程院咨询研究项目“煤炭与新能源融合发展战略与路径”（编号：2023-XZ-22）、“‘清洁煤电+CCUS’技术经济性优化与竞争性研究”（编号：2022-XZ-32）、“我国煤炭科学产能支撑能力和可持续发展战略研究”（编号：2020-XZ-11）等的资助，谢和平院士、葛世荣院士、姜耀东教授、王家臣教授、丁日佳教授、张瑞教授、尚煜教授、周宏伟教授、鞠杨教授、刘海滨教授、郭正权教授、吴立新研究员、郑德志研究员、焦小淼研究员、张亚宁副研究员等专家给予了无私指导和帮助，在此表示衷心的感谢！

作　者

2023 年 12 月

目　　录

前言
第 1 章　厘清传导机制是研判“双碳”目标对煤炭行业影响的前提 … 1
1.1　“双碳”目标对煤炭行业的影响预期 …… 1
1.2　煤炭产量增长的现实反差 …… 3
1.3　传导机制不清是出现反差的深层次原因 …… 4
1.4　“双碳”目标对煤炭行业影响的传导机制研究 …… 4
1.4.1　研究内容 …… 5
1.4.2　研究方法 …… 6
第 2 章　“双碳”目标对煤炭行业影响的关键因素 …… 11
2.1　基本概念界定 …… 11
2.1.1　“双碳”目标 …… 11
2.1.2　煤炭行业 …… 12
2.1.3　煤炭减碳政策 …… 14
2.2　煤炭开发过程碳排放特征 …… 14
2.2.1　计算模型与方法 …… 14
2.2.2　碳排放量与排放强度 …… 17
2.2.3　特征分析 …… 22
2.3　煤炭利用碳排放特征 …… 23
2.3.1　计算模型与方法 …… 23
2.3.2　碳排放量与排放强度 …… 25
2.3.3　特征分析 …… 27
2.4　煤炭需求影响因素及作用机理 …… 28
2.4.1　煤炭需求特征 …… 28
2.4.2　煤炭需求影响因素 …… 31
2.4.3　煤炭需求影响因素作用机理 …… 35
2.5　煤炭供给影响因素及作用机理 …… 36
2.5.1　煤炭供给影响因素 …… 36

2.5.2　煤炭供给影响因素作用机理 …… 43
2.6　本章小结 …… 43
第 3 章　“双碳”目标对煤炭行业影响的传导机制 …… 45
3.1　“双碳”目标对煤炭行业影响的传导机理 …… 45
3.1.1　“双碳”目标对煤炭行业影响的主要方式 …… 45
3.1.2　“双碳”目标对煤炭行业影响的传导要素 …… 47
3.1.3　“双碳”目标对煤炭行业影响的传导机理模型 …… 48
3.2　基于结构方程的“双碳”目标对煤炭行业影响的传导机制模型 …… 51
3.2.1　模型构架 …… 51
3.2.2　模型数据处理方法 …… 52
3.2.3　模型指标选择及参数取值 …… 56
3.2.4　模型计算工具 …… 57
3.3　研究假设与模型检验 …… 59
3.3.1　研究假设 …… 59
3.3.2　信度检验 …… 60
3.3.3　效度检验 …… 60
3.3.4　拟合优度检验 …… 62
3.4　模型实证结果与分析 …… 63
3.4.1　模型实证结果 …… 63
3.4.2　实证结果分析 …… 65
3.4.3　实证分析结论 …… 72
3.5　本章小结 …… 73
第 4 章　“双碳”目标下煤炭产量需求及波动幅度 …… 75
4.1　“双碳”目标对煤炭产量需求及波动的影响机理 …… 75
4.1.1　煤炭的兜底保障定位 …… 75
4.1.2　“双碳”目标加大煤炭产量需求波动 …… 76
4.1.3　“双碳”目标下煤炭产量需求及波动计算方法 …… 77
4.2　基于系统动力学的“双碳”目标下煤炭产量需求及波动预测模型 …… 79
4.2.1　模型边界条件假设 …… 79
4.2.2　模型主要结构 …… 79

4.2.3　模型函数及主要参数 ………… 83
4.2.4　模型计算工具 ………… 91
4.2.5　模型检验 ………… 92
4.3　政策情景设计 ………… 92
4.3.1　基准情景(政策适中情景) ………… 95
4.3.2　政策加严和政策宽松情景 ………… 97
4.4　结果分析 ………… 99
4.4.1　基准情景(政策适中情景) ………… 99
4.4.2　政策宽松情景 ………… 101
4.4.3　政策加严情景 ………… 103
4.4.4　不同情景结果对比分析 ………… 105
4.5　本章小结 ………… 108
第 5 章　“双碳”目标下煤炭产能与储备产能优化布局 ………… 109
5.1　“双碳”目标下煤炭产能与储备产能优化布局方法 ………… 109
5.1.1　煤炭产能与储备产能定位 ………… 109
5.1.2　煤炭产能与储备产能优化布局方法 ………… 110
5.2　基于多目标动态规划的煤炭产能与储备产能优化布局模型 ………… 112
5.2.1　模型主要结构 ………… 112
5.2.2　模型主要参数 ………… 121
5.2.3　模型求解方法与求解工具 ………… 123
5.2.4　模型检验 ………… 124
5.3　煤炭产能与储备产能优化布局结果分析 ………… 129
5.3.1　煤炭产能优化布局结果分析 ………… 129
5.3.2　煤炭储备产能优化布局结果分析 ………… 141
5.4　本章小结 ………… 150
第 6 章　煤炭行业应对“双碳”目标影响的发展策略 ………… 152
6.1　“双碳”目标下煤炭行业面临的挑战与发展机遇 ………… 152
6.1.1　“双碳”目标下煤炭行业面临的挑战 ………… 152
6.1.2　“双碳”目标下煤炭行业的发展机遇 ………… 153
6.2　“双碳”目标下煤炭行业发展方向 ………… 157
6.2.1　由单一采煤向资源综合开发利用拓展 ………… 157

6.2.2 由燃料化利用向原料化材料化利用转型 ……………… 157
6.2.3 由高产高效矿井向柔性矿井转变 ……………… 158
6.2.4 由传统矿区向低碳/零碳矿区升级 ……………… 158
6.3 煤炭行业应对措施建议 ……………… 159
6.3.1 科学规范煤炭开发利用发展秩序 ……………… 159
6.3.2 客观灵活把握煤炭产能调整节奏 ……………… 159
6.3.3 合理布局煤炭储备产能建设 ……………… 160
6.3.4 加快煤炭相关颠覆性技术攻关 ……………… 160
6.4 本章小结 ……………… 160
参考文献 ……………… 162

第1章　厘清传导机制是研判“双碳”目标对煤炭行业影响的前提

本章将阐述“双碳”目标对煤炭行业的影响预期与现实反差，明晰传导机制不清是出现反差的重要原因，提出研究“双碳”目标对煤炭行业影响传导机制的主要方法。

1.1　“双碳”目标对煤炭行业的影响预期

(1)“双碳”目标逐步转化为政策措施落地实施。2020年9月以来，习近平总书记在多次国际国内重大会议上宣布和强调我国的“双碳”目标，并要求“碳达峰、碳中和纳入我国生态文明建设整体布局”，制定碳达峰行动计划，“支持有条件的地方和重点行业、重点企业率先达峰”[1]。

2020年10月，中国共产党第十九届中央委员会第五次全体会议通过的《中共中央关于制定国民经济和社会发展第十四个五年规划和二〇三五年远景目标的建议》，明确了我国“双碳”目标的阶段性任务。2022年10月，中国共产党第二十次全国代表大会强调“积极稳妥推进碳达峰碳中和”。

“双碳”目标已成为我国社会共识，不仅是负责任大国对国际社会的庄严承诺，更是推进我国经济高质量发展的国家战略。多个部门和行业正在研究制定减污降碳相关政策，推进“双碳”目标由战略目标转化为指导经济产业发展的具体措施，将对包括煤炭行业在内的多个行业产生实质性影响，推进经济社会广泛而深刻的系统性变革[2]。

(2)煤炭开发利用是实现“双碳”目标的关键领域。煤炭、石油、天然气等化石能源生产消费相关的碳排放是我国碳排放的重要来源。据相关测算，2021年我国碳排放总量120亿t左右，由化石能源消费产生的碳排放总量 100 亿 t 左右。“双碳”目标要求着力提高能源利用效能，控制化石能源消费总量，实施可再生能源替代，建立以新能源为主体的新型电力系统，构建清洁低碳安全高效的能源体系，将我国的发展建立在高效利用资源、严格保护生态环境、有效控制温室气体排放的基础上，推动我国绿色发展迈上新台阶。

煤炭开发利用的碳排放主要来源于煤炭生产环节和利用环节。煤炭生产因消耗煤炭、油品等化石能源，有少量的 CO_2 排放，同时，因采动改变煤层压力，析出煤层中的甲烷(称为煤层气或瓦斯)，有一定量的甲烷排放，两项折算约合 5.9 亿 tCO_2(2020 年我国数据)[3]。煤炭利用环节燃烧或转化产生的 CO_2 排放，折算约合 73.4 亿 tCO_2。煤炭开发利用的碳排放合计约 79.3 亿 tCO_2，占我国能源活动碳排放的 79.1%，占我国碳排放总量的 62.9%，如图 1.1 所示。煤炭开发利用是我国碳达峰碳中和的关键所在。

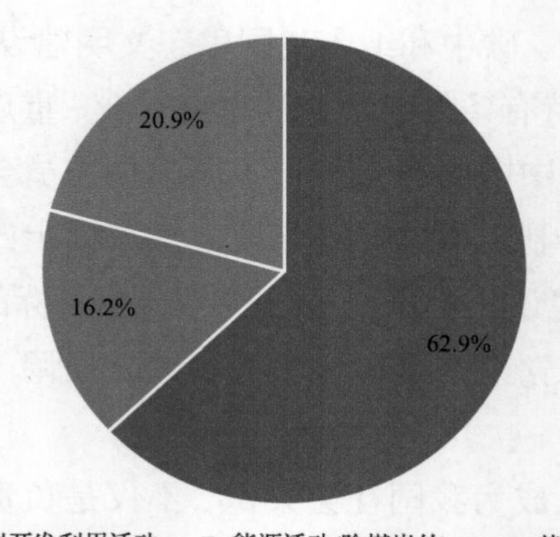

图 1.1 煤炭开发利用碳排放在我国碳排放中的比例

数据来源：煤炭行业碳达峰行动方案课题组(2021)

(3) “双碳”目标对煤炭行业影响的不客观预期。“双碳”目标刚刚提出的一段时间，一些专家和媒体简单、激进地将“双碳”目标等同于不计代价地快速减少碳排放、禁止碳排放，出现了运动式“减碳”，出现了片面强调“零碳方案”“零碳社区”“零碳行动”等“去煤化”和“煤炭退出”，甚至“退出化石能源”的舆论和社会冲击，一些地方甚至限制煤炭消费，限制煤炭产能产量增长，造成了短期内煤炭需求将快速下降的不客观预期。

虽然，2021 年 7 月以来，国家多次强调煤炭保供的重要性，但是悲观预期仍未根本改变，严重影响了煤炭开发利用对资本的吸引力，煤炭企业建新矿、扩产能的积极性大幅度降低；严重影响了煤炭资源勘查的持续投入，2021 年煤炭资源勘查投入仅为 2011 年的 10%左右；严重影响了科研机构对煤炭开发利用技术攻关的长期投入，影响了科研人员攻关的积极性和耐力，影响了煤炭科技创新的持续性。

1.2　煤炭产量增长的现实反差

2021 年下半年以来，我国煤炭供应持续紧张，环渤海 5500kcal[①]/kg 动力煤市场价格一度超过 2500 元/t(图 1.2)，多地出现拉闸限电，对经济社会发展造成了严重影响。特别是 2022 年我国煤炭产量增幅高达 10.5%，但仍然供不应求，“双碳”目标对煤炭行业的影响预期与煤炭产量增长的现实形成较大的反差。

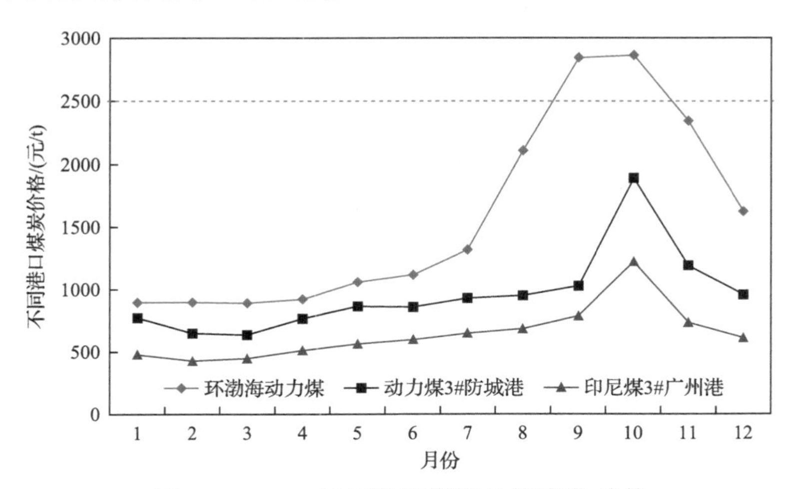

图 1.2　2021 年环渤海煤炭价格变化趋势

数据来源：中国煤炭市场网(https://www.cctd.com.cn/)

① 1cal=$1cal_{I.T.}$=4.1868J。

1.3 传导机制不清是出现反差的深层次原因

出现较大现实反差的重要原因是缺乏深入系统研究“双碳”目标对煤炭行业影响的传导机制，对“双碳”目标影响煤炭行业的基本逻辑和影响程度认识不清，影响了对煤炭产量需求的判断，进而影响了煤炭产能布局，没有形成煤炭行业应对“双碳”目标政策措施强度变化和相关因素变化的煤炭产能布局优化应对方案。因此，亟须研究“双碳”目标对煤炭行业影响的传导机制，根据“双碳”目标转化为政策措施的强度，科学动态评估“双碳”目标对煤炭行业的影响，量化测算煤炭产量需求及波动幅度，并提出煤炭产能布局的优化策略，支撑煤炭发展战略、产业政策和相关政策措施制定，客观灵活把握产能调整节奏，既满足“双碳”目标实现的总体要求，也不冒进地大幅度退出煤炭产能，充分发挥煤炭的能源稳定器和压舱石作用，保障我国能源安全、支撑碳中和目标实现。

1.4 “双碳”目标对煤炭行业影响的传导机制研究

为研究“双碳”目标对煤炭行业影响的传导机制及产能布局，首先，系统全面分析“双碳”目标对煤炭行业的影响方式，构建减碳政策对煤炭行业影响的结构方程模型，识别“双碳”目标影响煤炭行业的主要路径，揭示减碳政策对煤炭行业影响的传导机制；然后，在识别“双碳”目标影响煤炭行业的主要路径基础上，依据煤炭“三重”兜底定位，构建煤炭产量需求及波动预测的系统动力学模型，以“双碳”目标转化的政策措施为冲击变量，测算“双碳”目标下煤炭产量需求及波动幅度；之后，基于煤炭产量需求及波动幅度，深化煤炭产能和储备产能内涵，以省份煤炭产能优化成本最小、全要素生产率增长率最大为目标，构建煤炭产能与储备产能优化布局的多目标动态规划模型，规划求解出“双碳”目标下煤炭产能优化布局方案。

1.4.1　研究内容

（1）“双碳”目标对煤炭行业影响的传导机制。从政策传导的视角，基于结构方程模型研究减碳政策对煤炭供需的影响，探讨“双碳”目标对煤炭行业影响的传导机制。基于“双碳”目标转化为具体的减碳政策措施对煤炭行业产生的影响，煤炭行业受影响程度与减碳政策强度、能源需求、可替代能源等多重因素相关，减碳政策也影响能源需求、可替代能源等相关因素，以减碳政策（政策驱动）为外源潜在变量，以经济社会因素、技术因素、可替代能源因素、要素投入因素等为内生潜在变量，建立减碳政策对煤炭行业影响的结构方程，构建“双碳”目标对煤炭行业影响的传导机制模型；以历史面板数据为基础，检验指标选取的有效性，计算各个潜在变量间的路径系数和中介效应，识别“双碳”目标影响煤炭行业的主要路径。

（2）“双碳”目标下煤炭产量需求及波动幅度。从能源供需平衡的视角，基于系统动力学模型研究减碳政策下煤炭产量需求变化，探讨“双碳”目标对煤炭产量需求及波动的影响。基于“双碳”目标改变煤炭消费格局进而影响煤炭产量需求规模，煤炭兜底保障定位和替代能源的不稳定性加大煤炭产量需求波动，在识别“双碳”目标影响煤炭行业的主要路径基础上，运用系统动力学理论与方法，以“双碳”目标转化的政策措施为主要冲击变量，构建“双碳”目标下煤炭产量需求及波动预测模型；以历史面板数据为基础，检验反馈机制的有效性，根据“双碳”目标转化为政策措施的不同强度，预测未来煤炭产量需求及波动幅度。

（3）“双碳”目标下煤炭产能与储备产能优化布局。从要素优化配置的视角，基于多目标动态规划模型研究减碳政策下煤炭产能调配策略，探讨“双碳”目标下煤炭产能与储备产能优化布局方案。基于煤炭产量与煤炭需求量动态平衡的要求，运用多目标动态规划模型，以系统动力学模型得出的煤炭产量需求及波动幅度为目标，以省份煤炭产能优化成本最小、全要素生产率增长率最大为原则，以煤炭产能利用率合理区间为约束，构建“双碳”目标下煤炭产能与储备产能优化布局模型；

以历史面板数据为基础，检验模型的有效性，规划求解出“双碳”目标下煤炭产能和储备产能省份分配方案。

1.4.2 研究方法

综合应用政策文本分析法、结构方程模型、系统动力学模型及多目标动态规划模型等研究方法，就“双碳”目标对我国煤炭行业影响的传导机制及产能优化布局进行研究。

1. 政策文本分析法

运用政策文本分析法量化煤炭相关减碳政策的强度。政策文本分析法可分为两类：①政策文本定性分析；②提出政策量化标准，将政策定量化。政策力度是描述政策效力的指标，通常由政策颁布的主体和政策类型所决定。仲为国等[4]、彭纪生等[5-6]和张国兴等[7-9]提出的政策量化标准和效力统计方法，取得了较为广泛的应用[10]。主要步骤如下。

(1) 在北大法宝数据库分别检索不同维度的关键词获取不同机构颁布法规条目数。

(2) 依据政策法规颁布机构效力级别和类型，可将各项政策力度赋予1～5分，分值越大，效力越高，具体赋值详见表1.1。

表 1.1 不同政策法规评分赋值表

赋值得分	评分标准	发布机构
5	行政法规	国务院
4	部门规章	部委部门规章、规范性文件
3	党内法规	党中央部门机构
2	团体规定	其他机构
1	行业规定	

(3) 在给各项政策法规赋分后，采用式(1.1)分别计算每年度实施的政策法规的政策力度，求和得到历年政策法规的年度政策力度。

$$\mathrm{ZCLD}_t = \sum_{i=1}^{N_t} \mathrm{ZC}_{ti} \times \delta_j \tag{1.1}$$

式中：ZCLD_t 为第 t 年颁布执行的政策法规的政策力度总得分；ZC_{ti} 为第 t 年颁布执行的第 i 项政策法规的数量；N_t 为第 t 年颁布执行的政策法规数量；δ_j 为不同机构颁布的政策法规赋值；j 为不同机构；t 为年份。

(4) 政策强度是指不同类别政策力度占总政策力度的比例，按照式 (1.2)，依据政策力度，分别计算不同维度政策的强度。

$$\mathrm{ZCQD}_t = \mathrm{ZCLD}_t / \sum \mathrm{ZCLD}_t \tag{1.2}$$

式中：ZCQD_t 为第 t 年颁布执行的某项政策法规的政策强度。

2. 结构方程模型

运用结构方程模型，研究“双碳”目标对煤炭行业影响的传导机制。结构方程模型是以不同变量间的协方差矩阵表征不同变量间关系的一种统计研究方法，因此亦可称为协方差结构模型[11]。根据变量是否可以直接观测，将结构方程模型中的变量分为显在变量（也称“显变量”）和潜在变量（也称“潜变量”）两类。显在变量是指可直接观测和度量的变量，而潜在变量则是指不能被直接观测的因素或特质。潜在变量可以通过相应的显在变量度量，又称为隐变量。结构方程模型包括测量模型和结构模型两种基本形式[12]。

(1) 测量模型。测量模型方程式 (1.3) 和式 (1.4) 可表征指标与潜在变量之间的关系：

$$\boldsymbol{x} = \boldsymbol{\Lambda}_x \xi + \delta \tag{1.3}$$

$$\boldsymbol{y} = \boldsymbol{\Lambda}_y \eta + \varepsilon \tag{1.4}$$

式中：$\boldsymbol{x}$ 为外源指标向量；$\boldsymbol{y}$ 为内生指标向量；$\boldsymbol{\Lambda}_x$ 为外源指标在外源潜在变量上的因子载荷矩阵；$\boldsymbol{\Lambda}_y$ 为内生指标在内生潜在变量上的因子载荷矩阵；η 为内生潜在变量；ξ 为外源潜在变量；δ 为外源指标向量 $\boldsymbol{x}$ 的测量误差；ε 为内生指标向量 $\boldsymbol{y}$ 的测量误差。

(2) 结构模型。结构模型方程式 (1.5) 可表征潜在变量之间的关系：

$$\eta = B\eta + \Gamma\xi + \zeta \tag{1.5}$$

式中：B 为内生潜在变量间的关系；Γ 为外源潜在变量对内生潜在变量的影响；ζ 为结构方程的残差项，反映 η 在方程中未被解释的部分。

构建结构方程模型的步骤：①基于文献调研和研究目标，提出假设构建变量间的关系模型；②收集变量数据，并对数据进行必要的处理，确定不同变量间的协方差矩阵；③模型检验，验证模型是否合理及假设是否成立。

3. 系统动力学模型

运用系统动力学模型，研究“双碳”目标对煤炭产量需求及波动幅度的影响。系统动力学模型是以系统动力学的系统观和方法论为基础，构建具有多系统的预测与仿真方法，通常采用计算机模拟研究系统行为和结构关系。系统动力学模型在研究能源-经济-环境系统的动态仿真方面有广泛的应用，其核心目标是针对实际情况，从整体系统的变化和发展视角，构建简化模型来解决系统问题。

系统动力学模型的构建过程分为：系统分析、结构分析、模型建立、模型模拟及模型使用等步骤，不同步骤具有一定的先后顺序，但彼此间可以相互交叉、反复进行，直至完成模型检验，交付使用。具体模型构建过程如图 1.3 所示。

4. 多目标动态规划模型

运用多目标动态规划模型，研究“双碳”目标下煤炭产量的优化布局。多目标规划是指在一定约束条件下，研究多个目标函数同时极大化(或极小化)的问题[13]，而多目标动态规划则是多目标规划求解系统中增加了目标状态转移、阶段决策和总体决策等优化问题[14]。

多目标动态规划可以描述成如下形式：

$$
\begin{cases}
\min \ \boldsymbol{F}_t(\boldsymbol{x}) = \left(f_{1t}(\boldsymbol{x}), \cdots, f_{mt}(\boldsymbol{x})\right) \\
\max \ \boldsymbol{T}_t(\boldsymbol{y}) = \left(p_{1t}(\boldsymbol{y}), \cdots, p_{nt}(\boldsymbol{y})\right)
\end{cases}
\\
\text{s.t.}\begin{cases}
f_{it}(\boldsymbol{x}) \leqslant 0, \quad i = 1, \cdots, m \\
p_{jt}(\boldsymbol{y}) > 0, \quad j = 1, \cdots, n
\end{cases}
\tag{1.6}
$$

式中：$\boldsymbol{x}=(x_1,x_2,\cdots,x_m)$、$\boldsymbol{y}=(y_1,y_2,\cdots,y_n)$分别为 m 维、n 维决策向量；$\boldsymbol{F}_t(\boldsymbol{x})$、$\boldsymbol{T}_t(\boldsymbol{y})$分别为第 t 时刻对应的目标函数；$\boldsymbol{X}=\{\boldsymbol{x}\in\mathbf{R}^m,\boldsymbol{y}\in\mathbf{R}^n \mid f_{it}(\boldsymbol{x})\leqslant 0, i=1,2,\cdots,m$ ，$p_{jt}(\boldsymbol{y})>0, j=1,2,\cdots,n\}$为可行域。

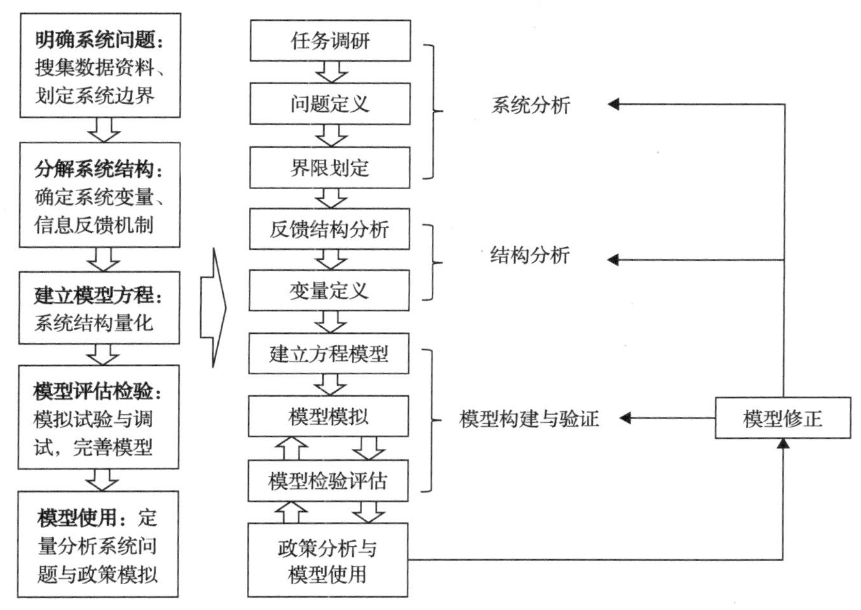

图 1.3　系统动力学模型建模步骤

式(1.6)中既包含最大化的表达式也包含最小化的表达式，通常称为多目标混合动态最优化模型，在具体求解过程中考虑将最大化问题转化为极小化问题，将多目标混合动态模型转化为多目标最小化动态模型，多目标动态规划模型的标准形式为

$$\min \boldsymbol{S}_t(\boldsymbol{x})=[\boldsymbol{F}_t(\boldsymbol{x}),\boldsymbol{T}_t(\boldsymbol{y})]^{\mathrm{T}}=\left[\left(f_{1t}(\boldsymbol{x}),\cdots,f_{mt}(\boldsymbol{x})\right),\left(p_{1t}(\boldsymbol{y}),\cdots,p_{nt}(\boldsymbol{y})\right)\right]^{\mathrm{T}}$$
$$\text{s.t.}\begin{cases} f_{it}(\boldsymbol{x})\leqslant 0, & i=1,2,\cdots,m \\ p_{jt}(\boldsymbol{y})>0, & j=1,2,\cdots,n \end{cases} \tag{1.7}$$

式中：$\boldsymbol{S}_t(\boldsymbol{x})$为目标函数的集合；$\boldsymbol{x}$为决策变量。

在多目标动态规划问题中，通常不存在使所有目标函数均达到极值的最优解，因此在多目标动态规划求解过程中，需要根据实际问题采取不同的求解方法，通常依据实际问题将多目标规划问题在一定条件下转化为单目标规划问题进行求解。常用的转化方法包括单纯形法、化多为少法、分层序列法等[15]。

(1)单纯形法。先构建初始单纯形表，求解得到一个可行解，进而转换到下一个可行解，与此类似循环往复转换和判断，使目标函数值逐渐增大，直至取到最大值。通常情况下多目标线性规划的可行解有限，只需要通过有限次的转换即可得到最佳可行解。

(2)化多为少法。基于研究问题的实际特征，明确不同目标间的关系，将多目标函数转换为简单易求解的单目标或双目标函数，或将部分目标在一定条件下转化为内在约束条件，简化求解过程。常用的化简方法有线性加权和法、理想点法、隶属函数法等。

(3)分层序列法。将所有目标按照重要水平进行排序，首先求解第一个目标的最优解，在后续的求解过程中均需要满足上一个目标的约束进行求解，直至所有的目标都满足为止，最终得到所有目标的最优解。

第2章 “双碳”目标对煤炭行业影响的关键因素

本章明确“双碳”目标、煤炭行业、减碳政策等基本概念及其边界，厘清煤炭行业碳排放特征、煤炭需求影响因素及作用机理、煤炭供给影响因素及作用机理等，为构建“双碳”目标对煤炭行业影响的传导机制模型、“双碳”目标下煤炭产量需求及波动预测模型、“双碳”目标下煤炭产能与储备产能优化布局模型提供基础。

2.1 基本概念界定

2.1.1 “双碳”目标

“双碳”目标，即碳达峰碳中和目标，已成为国家战略，党的二十大再次强调“积极稳妥推进碳达峰碳中和”。

1. 时间上：“双碳”目标是国家长期战略

碳中和是全人类共同的责任，实现“双碳”目标，是党中央和国务院从国情出发，统筹国内国际两个大局做出的重大战略决策，是着力解决资源环境约束突出问题、实现中华民族永续发展的必然选择。实现“双碳”目标是国家长期战略，通过近10年的努力实现二氧化碳排放达峰，通过近40年的努力实现碳中和，不是一蹴而就的。2021年11月13日，《联合国气候变化框架公约》第二十六次缔约方大会，各缔约方最终同意将“逐步淘汰煤电”改为“逐步减少煤电”写入《格拉斯哥气候公约》，也充分显示国际上碳减排也将是一个长期理性推进的过程。

2. 范围上：“双碳”目标不同阶段涉及的温室气体范围是变化的

“碳达峰”是指能源消费、工业过程等人为活动造成的二氧化碳排放达到峰值，计量范围是二氧化碳，不包括非二氧化碳温室气体；而“碳中和”是指温室气体源的人为排放与汇的清除之间的平衡，计量范围是全部温室气体，不仅包括二氧化碳，还包括甲烷、氢氟化碳等非二氧化碳温室气体。

3. 过程上：“双碳”目标实现是积极稳妥推进的过程

实现“双碳”目标“必须立足国情，坚持稳中求进、逐步实现，不能脱离实际、急于求成，搞运动式‘降碳’、踩‘急刹车’”，“减排不是减生产力，也不是不排放，而是要走生态优先、绿色低碳发展道路，在经济发展中促进绿色转型、在绿色转型中实现更大发展……不以牺牲经济的合理发展和老百姓的生活福祉为代价”。在保障经济社会发展和人民生活改善的前提下，积极推进碳减排。实现“双碳”目标是必需的，而实现的时间节点服从于社会经济发展、技术进步等条件变化，并不是绝对的。

4. 机制上：“双碳”目标需要转化为具体的政策措施

“双碳”目标是行动指南，具有引导性，但本身并不对生产经营活动构成直接的强制约束，只有转化为落实落地的具体政策措施，才能直接着力到相关活动和相关主体。可用政策措施的约束范围和约束强度，衡量不同时段“双碳”目标的内涵。

2.1.2　煤炭行业

煤炭行业是指以煤炭开采、洗选为主的组织结构体系，聚焦于煤炭开发环节。煤炭行业为经济社会发展贡献煤炭产品，是真正的供给侧，衡量煤炭行业在国民经济中的地位核心指标是煤炭供给规模，即煤炭产量。“双碳”目标对煤炭行业的影响也集中体现在煤炭产量变化上。

1. 总量上：煤炭产量进入峰值平台期

回顾我国煤炭工业的发展历程，1949～1990 年是我国煤炭工业的幼稚期，通过技术引进、增加人力投入等途径，不断夯实发展基础，煤炭生产规模不断扩大，煤炭产量从 3200 万 t/a 增长到 10 亿 t/a 左右；1991～2013 年是我国煤炭工业的成长期，技术快速进步与资本快速流入推动煤炭生产规模快速增加，煤炭产量从 10 亿 t/a 快速上升到 40 亿 t/a 左右；2014 年以来是我国煤炭工业的成熟期，煤炭产量小幅波动，煤炭企业间竞争加剧，推动生产技术水平、安全水平、管理水平提升速度明显加快，2021 年煤炭产量达到 41.3 亿 t。

2. 结构上：煤炭生产结构持续优化升级

建成了神东、黄陇、宁东、新疆等 14 个大型煤炭基地；建成了陕北、大同、平朔、蒙东等一批亿吨级矿区；全国煤矿数量由 20 世纪 80 年代 8 万多处减少至 2021 年的 4500 处左右，平均产能提高到 110 万 t/a 以上。全国建成 120 万 t/a 以上的大型现代化煤矿 1200 处以上，其中建成年产千万吨级煤矿 72 处，产能 11.24 亿 t/a；在建千万吨级煤矿 24 处左右，设计产能 3.0 亿 t/a 左右。前 8 家大型企业原煤产量 18.55 亿 t，占全国的 47.6%，比 2015 年提高 11.6%；其中，亿吨级以上企业煤炭产量 16.8 亿 t，占全国的 43%；千万吨级以上企业煤炭产量 30.0 亿 t，占全国的 77%。

3. 工效上：生产效率快速提升

通过优化开发布局、发展优质产能、推进煤矿机械化智能化等措施，不断提高原煤生产的全员工效，部分煤矿已处于国际先进甚至领先水平。我国煤炭生产效率由 2000 年的 325.59t/a 提高到 2020 年的 1921.19t/a，提高了 4.9 倍。尤其是 2013～2020 年，我国原煤年产量一直维持在 36 亿 t 左右，但其间从业人员却由 611 万人骤降 408 万人至 203 万人，降幅达到 66.78%，年均降低 14.56%。与 2013 年相比，2020 年煤炭行业只用了不到原先 33%的人员就完成了更多的煤炭产量。同时部分煤矿，工效优势更是明显，如国家能源投资集团有限责任公司神东矿区补连塔煤矿，原煤工效达到了 167.76t/工，处于国际先进水平，煤炭行业生产效率大幅度提升。

2.1.3 煤炭减碳政策

煤炭减碳政策的边界和范围界定为：由政府或其他部门制定的，推动煤炭生产和利用过程减少碳排放的相关政策的统称，主要通过政策工具和市场调控实现对煤炭供给和需求调控。由此定义可知，减碳政策既包含广义的煤炭政策，也包含狭义的煤炭政策。基于减碳政策的发布主体和作用对象可将相关政策划分为四个部分，如图 2.1 所示。

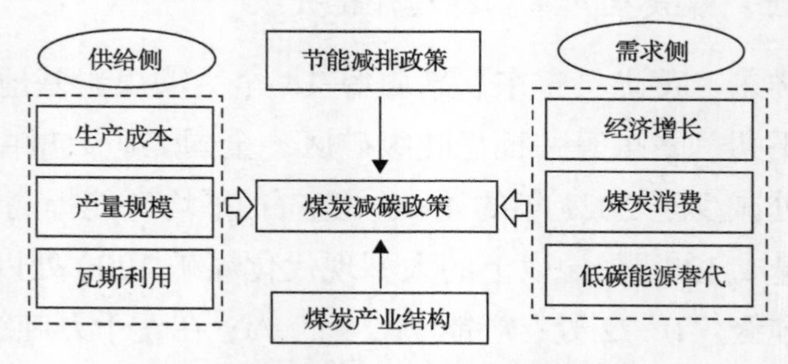

图 2.1 煤炭相关减碳政策的构成

2.2 煤炭开发过程碳排放特征

厘清煤炭开发过程碳排放量和排放特征对于分析“双碳”目标对煤炭行业的影响、寻找可持续利用煤炭资源方法和途径至关重要[16]。然而，近年来多数学者在核算煤炭开发过程碳排放时，对煤矿 CH_4 的回收利用考虑不充分，使得对煤矿 CH_4 排放的估算偏高[17-19]。鉴于此，根据煤炭开发利用碳排放清单[20-23]，对我国煤炭开发过程碳排放强度进行估算。

2.2.1 计算模型与方法

1. 碳排放计算模型

煤炭开发过程是指由井工或露天煤矿开采出原煤，并经洗选成为煤炭产品的过程。煤炭开发过程碳排放计算模型范围、边界及输入输出，如图 2.2 所示。计算模型的输入主要包括煤炭开发过程原煤、油、气及电力、热力等能源的消耗量，而模型输出主要包含井工开采或露天开采主要环节的生产能耗、瓦斯排放和矿后活动的碳排放量及排放强度。模型输出还可根据需要输出井工开采单产品能耗(煤、油、气、电力)CO_2排放量、井工开采单产品 CH_4 排放量、井工开采单产品矿后活动 CH_4 排放量；露天开采生产用能单产品能耗(煤、油、气、电力)CO_2 排放量及露天开采单产品 CH_4 排放量。

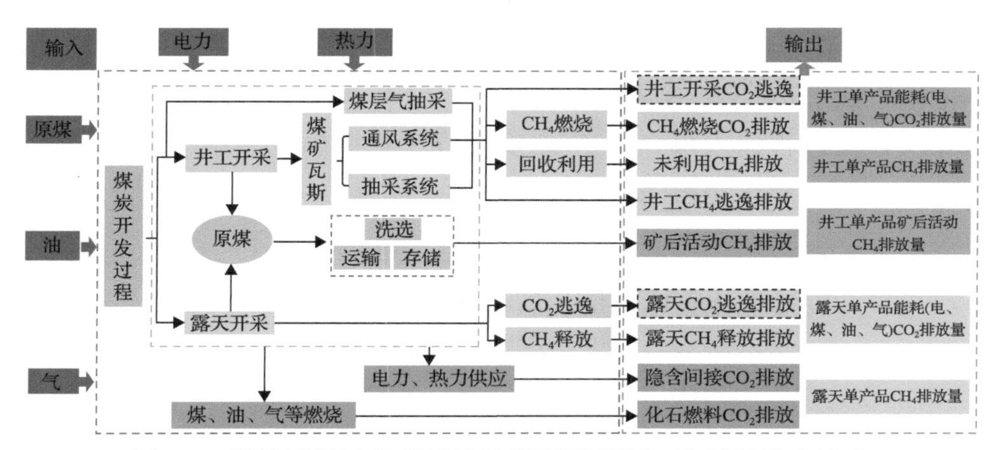

图 2.2 煤炭开发过程碳排放计算模型范围、边界及输入输出

2. 碳排放计算公式

依据《中国煤炭生产企业温室气体排放核算方法与报告指南(试行)》[24]，将煤炭开发过程温室气体(greenhouse gas，GHG)排放分为：生产用能碳排放、瓦斯排放(碳排放)、矿后活动碳排放三个环节。生产用能碳排放主要包含输入化石燃料燃烧 CO_2 排放量、火炬燃烧 CO_2 排放量及净购入电力和热力隐含 CO_2 排放量；瓦斯排放(碳排放)主要包含井工和露天开采前、开采中 CH_4 逃逸量(折算为 CO_2 排放量)；矿后活动碳排放主要包含露天开采、废弃矿井，以及原煤在运输、洗选、储存过程中 CH_4(折算为 CO_2 排放量)和 CO_2 的逃逸排放量。

煤炭开发过程碳排放总量 E_{GHG} 的计算公式为

$$E_{GHG} = E_{用能} + E_{瓦斯} + E_{矿后} \tag{2.1}$$

式中：E_{GHG} 为煤炭开发过程碳排放总量，t；$E_{用能}$、$E_{瓦斯}$、$E_{矿后}$ 分别为煤炭开发过程中生产用能碳排放量、瓦斯排放(碳排放)量及矿后活动碳排放量，t。

煤炭开发过程生产用能碳排放量 $E_{用能}$ 的计算公式为

$$E_{用能} = \sum_{i=1}^{4} E_{CO_2}^{i} + E_{CO_2}^{p} + E_{CO_2} \tag{2.2}$$

式中：$E_{CO_2}^{i}$ 为煤炭开发过程化石燃料燃烧碳排放量，i=1,2,3,4 分别表示煤炭开发过程输入煤、油、气燃烧及煤矿瓦斯燃烧碳排放量，t；$E_{CO_2}^{p}$ 为煤炭开发过程输入电力隐含碳排放量，t；E_{CO_2} 为煤炭开发过程输入热力隐含碳排放量，t。

煤炭开发过程化石燃料燃烧碳排放量 $E_{CO_2}^{i}$ 的计算公式为

$$E_{CO_2}^{i} = M_i \times \mathrm{EF}_i = M_i \times Q_i \times C_i \times \beta_i \tag{2.3}$$

式中：M_i 为消耗化石燃料的质量，t；EF_i 为消耗化石燃料对应碳排放因子，t/t；Q_i 为化石燃料的低位发热量，TJ/t；C_i 为化石燃料燃烧产生单位热量对应的碳排放量，t/TJ；β_i 为化石燃料的碳转化率，即燃料中的碳在燃烧过程中转化成 CO_2 并排放到大气中的比例，%。

$$E_{CO_2}^{p} = \gamma \times W_{电} \tag{2.4}$$

式中：$W_{电}$ 为煤炭开发过程输入电力，kW·h；γ 为区域电网年平均供电 CO_2 排放因子，t/(MW·h)；实际计算中认为 E_{CO_2} 和 $E_{CO_2}^{p}$ 的计算方法一样。

$$E_{瓦斯} = \mathrm{GWP}_{CH_4} \times E_{CH_4}^{开发} \tag{2.5}$$

式中：GWP_{CH_4} 为 CH_4 的温增指数，根据联合国政府间气候变化专门委员会(Intergovernmental Panel on Climate Change，IPCC)第 2 次评估报告，100 年时间尺度内 1t CH_4 相当于 21t CO_2 的增温能力，因此 GWP_{CH_4} 取值 21；$E_{CH_4}^{开发}$ 为煤炭开发过程 CH_4 的逃逸碳排放量。

$$E_{CH_4}^{开发} = \rho_{CH_4} \times \left(\alpha_{p} \times W_{原煤} / 10^4 - Q_{CH_4}^{利用}\right) \tag{2.6}$$

式中：ρ_{CH_4} 为标况下 CH_4 的密度，取值为 7.17t/万 $Nm^3$①；α_p 为煤炭开采 CH_4 排放因子，m^3/t；$W_{原煤}$ 为原煤产量，t；$Q_{CH_4}^{利用}$ 为瓦斯回收利用量，万 Nm^3。

$$E_{矿后} = GWP_{CH_4} \times E_{CH_4}^{矿后} + E_{CO_2}^{逃逸} \tag{2.7}$$

$$E_{CH_4}^{矿后} = \rho_{CH_4} \times \left(\alpha_0 \times W_{原煤}\right) / 10^4 \tag{2.8}$$

式中：$E_{CH_4}^{矿后}$ 为煤炭开发矿后活动 CH_4 释放量，t；$E_{CO_2}^{逃逸}$ 为煤炭开发过程 CO_2 逃逸量，t；α_0 为矿后活动 CH_4 排放因子，m^3/t。在实际计算时，基于数据的可获得性暂没有计算火炬燃烧 CO_2 排放量和煤炭开发过程 CO_2 逃逸量。

$$F_i = E_i / W_{原煤} \tag{2.9}$$

式中：F_i 为煤炭开发过程不同环节的碳排放强度，kg/t，i=1,2,3 分别表示生产用能、瓦斯排放及矿后活动；E_i 为煤炭开发不同环节碳排放量，i=1,2,3 分别表示生产用能、瓦斯排放及矿后活动碳排放量，kg。

2.2.2 碳排放量与排放强度

1. 生产用能碳排放特征

依据煤炭开发过程碳排放量和排放强度的估算方法，选取历年《中国统计年鉴》[25]和项目组测算得出的煤炭开发过程能源消耗数据，并参考《2006 年 IPCC 国家温室气体清单指南》[26-27]和相关文献[28-30]，更新了煤炭开发过程不同能源消耗的碳排放因子，对我国 2010～2020 年煤炭开发过程生产用能的碳排放量和排放强度进行估算，结果如图 2.3 所示。

由图 2.3 可知，我国煤炭开发过程生产用能碳排放量由 2010 年的 2.64 亿 t，先增加到 2011 年的 2.79 亿 t，随后逐渐降低到 2016 年的 2.25 亿 t，而后逐渐增加到 2020 年的 2.57 亿 t。煤炭开发过程生产用能碳排放主要包括煤炭、电力及油气消耗碳排放。煤炭消耗碳排放量整体上呈

① Nm^3 为标准状态下立方米。标准状态通常指温度为 273K（即 0℃）和压强为 101.325kPa 的状态。

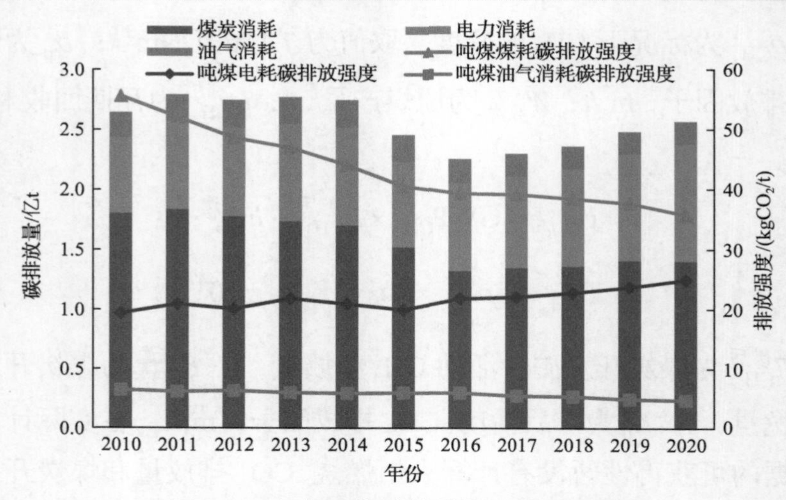

图 2.3　生产用能碳排放量及排放强度

现先降低而后增加的趋势，由 2010 年的 1.80 亿 t 先快速降低到 2016 年的 1.32 亿 t，年均降低 5.04%，而后缓慢增加到 2020 年的 1.40 亿 t，年均增加 1.48%。煤炭消耗碳排放量占生产用能碳排放量的比例由 2010 年的 68.18%降低到 2020 年的 54.47%，年均降低 1.371 个百分点。而电力消耗碳排放量呈现增加趋势，由 2010 年的 0.63 亿 t 增加到 2020 年的 0.98 亿 t，年均增加 4.52%，使得电力消耗碳排放量占生产用能碳排放量的比例由 2010 年的 23.86%增加到 2020 年的 38.13%，年均增加 1.427 个百分点。油气消耗碳排放量占比呈现先增加后降低的趋势，由 2010 年的 7.96%先增加到 2015 年的 9.1%，随后波动下降到 2020 年的 7.4%。生产用能碳排放受原煤产量、单位产品能源消耗强度、能源消耗碳排放强度的影响，其中原煤产量是最主要的影响因素，生产用能碳排放量的变化趋势基本与原煤产量变化趋势一致。

近年来，随着我国煤炭开发机械化水平持续提高，大型煤炭企业采煤机械化水平已高达 97.1%，达到或超过发达国家水平[31]，使得煤矿生产能耗逐年降低[32]，结合煤矿区“电代煤”及“气代煤”的改造升级[33]，显著改变了生产用能结构，使得我国煤炭开发过程生产用能碳排放强度由 2010 年的 81.5$kgCO_2$/t 先快速降低到 2015 年的 66.5$kgCO_2$/t，年均降低 3.99%，而后缓慢降低到 2020 年的 65.4kgCO_2/t，年均降低 0.33%。吨煤煤耗碳排放强度持续降低，由 2010 年的 55.6kgCO_2/t 快速降低到 2016 年的 39.3kgCO_2/t，年均降低 5.62%，而后缓慢降低到 2020 年的 35.8kgCO_2/t，年均降低 2.30%；吨煤电耗碳排放强度整体上呈现波动增加趋势，由 2010 年的 19.4kgCO_2/t 波动增加到 2020 年的 24.9kgCO_2/t，年均增加 2.53%；吨煤油气消耗碳排放强度呈现降低趋势，由 2010 年的 6.5kgCO_2/t 波动降低到 2020 年的 4.8kgCO_2/t，年均降低 2.99%。

2. 瓦斯排放(碳排放)特征

依据国家矿山安全监察局统计数据[34]及相关文献[35]，估算了 2010～2020 年我国煤矿瓦斯排放量并与其他研究结果对比(图 2.4)。

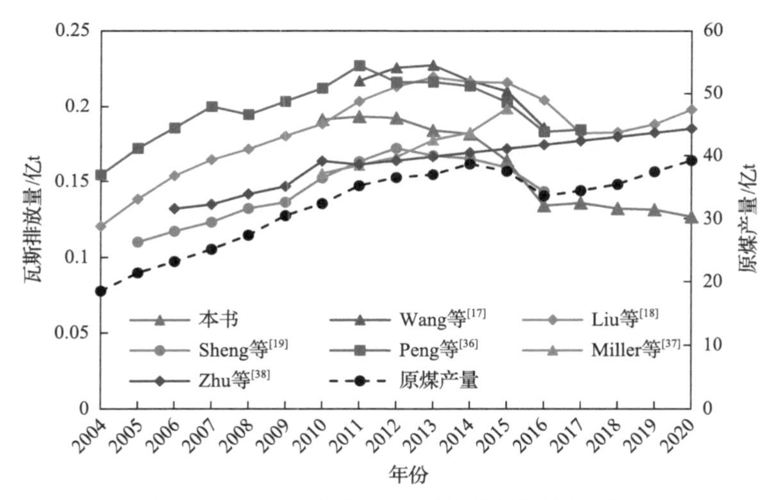

图 2.4 不同机构煤矿瓦斯排放量估算对比

由图 2.4 可知，近年来，我国煤矿瓦斯排放量整体上处于下降趋势。由 2010 年的 0.19 亿 t 先缓慢降低到 2016 年的 0.13 亿 t，而后处于稳定状态，2020 年煤矿瓦斯排放量为 0.12 亿 t。近年煤矿瓦斯的抽采利用率持续增加，使得瓦斯排放量的变化与原煤产量的变化规律不一致。通过对比已有相关研究结果可知(图 2.4)，不同学者对煤矿瓦斯排放量的估算结果差异较大，主要原因在于估算依据和数据来源不同，本书估算的瓦斯排放量综合考虑了煤矿瓦斯的抽采利用率。

依据式(2.5)和式(2.9)，估算瓦斯排放折合碳排放量及排放强度(图 2.5)，我国瓦斯排放(碳排放)量由 2010 年的 4.01 亿 t 先缓慢波动增加到 2012 年的 4.03 亿 t，而后逐渐降低到 2016 年的 2.81 亿 t；随着瓦斯抽采利用率的提高，瓦斯排放(碳排放)量逐渐降低到 2020 年的 2.65 亿 t。吨煤瓦斯碳排放强度呈现逐渐降低的趋势，由 2010 年的 123.7kgCO_2/t 逐渐降低到 2020 年的 67.6kgCO_2/t，年均降低 5.86%，由此可知，瓦斯排放(碳排放)量的变化与煤矿瓦斯排放量的变化规律一致，主要受原煤产量和瓦斯抽采利用率的波动影响。

图 2.5　煤炭开发碳排放量及排放强度

3. *矿后活动碳排放特征*

依据中国煤炭工业统计资料整理了我国井工煤矿和露天煤矿原煤产量数据[37]，露天煤矿瓦斯含量相对较低，因此矿后活动碳排放因子采用《2006 年 IPCC 国家温室气体清单指南》缺省值。按照《矿井瓦斯涌出量预测方法》(AQ 1018—2006)行业标准，井工煤矿的矿后活动 CH_4 排放量依据式(2.10)计算得出[39]：

$$W_c = 10.385 \times e^{-7.207/W_0} \tag{2.10}$$

式中：W_c为原煤的矿后活动CH_4排放量，m^3/t；W_0为煤层的原始CH_4含量，m^3/t，通常取值1～$5m^3/t$[40]，这里取值$3m^3/t$。结合Zhu等[38]相关研究成果估算了煤炭开发矿后活动碳排放量和排放强度(图2.5)。

由图2.5可知，我国煤炭开发矿后活动碳排放量由2010年的0.70亿t先波动增加到2014年的0.77亿t，随后降低到2016年的0.64亿t，此后增加到2020年的0.71亿t。吨煤矿后活动碳排放强度呈现逐渐降低的趋势，由2010年的21.5kgCO_2/t逐渐降低到2020年的18.0kgCO_2/t，年均降低1.76%。矿后活动碳排放量主要受原煤产量的波动影响，而吨煤矿后活动碳排放强度的降低对其影响较小。

4. 碳排放总量特征

由图2.5可知，我国煤炭开发过程碳排放总量由2010年的7.35亿t先增加到2011年的7.59亿t，随后逐渐降低到2016年的5.70亿t，而后再缓慢增加到2020年的5.93亿t；而吨煤开发碳排放强度呈现逐年降低的趋势，由2010年的226.7kgCO_2/t快速降低到2016年的169.6kgCO_2/t，年均降低4.72%，此后缓慢降低到2020年的151.1kgCO_2/t，年均降低2.85%，研究结论与Zhou等[41]用全生命周期方法估算的煤炭开发过程碳排放强度164.4kgCO_2/t的结果相近。

由图2.6可知，煤炭开发过程煤炭消耗碳排放量占比24%左右，随着煤炭开发效率的提高而下降，由2010年的24.5%缓慢降低到2020年的23.7%，年均降低0.08个百分点。随着采煤机械化程度的提高，煤炭开发过程电力消耗碳排放量占比呈现增加趋势，由2010年的8.6%快速增加到2020年的16.5%，年均增加0.79个百分点。煤炭开发过程油气消耗碳排放量占比较少，约占3%，呈现先增加后减少的变化趋势，由2010年的2.9%先增加到2016年的3.5%，随后逐渐减少到2020年的3.1%。煤炭开发过程瓦斯排放(碳排放)量占比呈现降低趋势，由2010年的54.6%降低到2020年的44.8%，年均降低0.98个百分点。而矿后活动碳排放量占比呈现增加趋势，由2010年的9.5%增加到2020年的11.9%，年均增加0.24个百分点。本书估算的2016年煤炭开发过程煤矿瓦斯排放(碳排放)量和矿后活动碳排放量的占比 60.5%,与 Wang 等[17]估算的瓦斯排放量占碳排放总量的 62%结果相符。2020 年煤炭开发过程煤矿瓦斯排放(碳排放)量和矿后活动碳排放量占碳排放总量的 56.7%，随着我国采煤机械化水平的提高，煤炭开发吨煤能耗、吨煤瓦斯排空总体呈现下降趋势，使得碳排放总量及强度下降趋势明显，未来煤矿瓦斯抽采利用是煤炭开发过程碳减排的最核心内容。

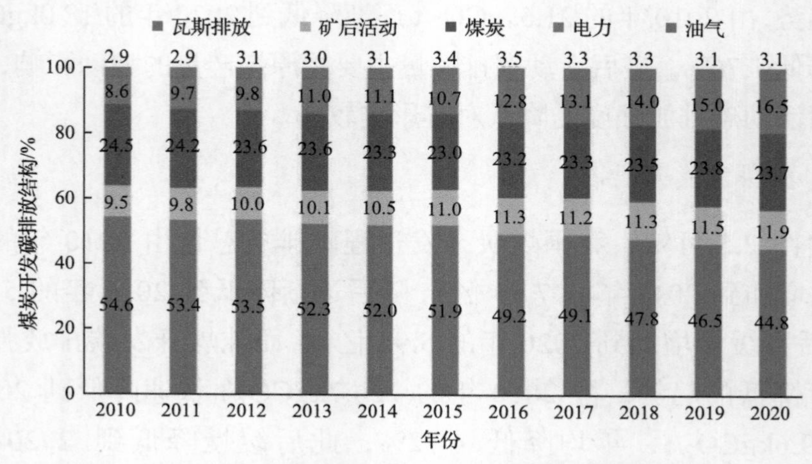

图 2.6 煤炭开发过程碳排放结构及变化趋势

2.2.3 特征分析

1. 煤炭开发过程碳排放强度总体较低

按照 2020 年的碳排放强度 151.1kgCO_2/t 计算，生产 1t 煤炭温室气体排放量仅相当于完全燃烧 1t 煤炭温室气体排放量的 7%左右；如果仅仅计算 CO_2，则只有 3%左右。如果按照相同的碳税或碳减排单价，煤炭开发面临的碳减排成本远远低于煤炭利用，“双碳”目标限制碳排放对煤炭行业的直接影响将远低于经煤炭消费传导过来的间接影响。

2. 煤炭开发过程 CO_2 排放量和温室气体排放量已达峰值

从 2010 年到 2020 年，平均生产 1t 煤炭的 CO_2 排放量由 81.5kg 下降到 65.4kg，下降了 1/5；温室气体排放量由 226.7kgCO_2/t 下降到

151.1kgCO_2/t，下降了 1/3。如果未来年度煤炭产量较 2020 年增加不超过 25%，煤炭开发过程碳排放量将不会超过 2011～2012 年的高点；如果未来年度煤炭产量较 2020 年增加不超过 50%，煤炭开发过程温室气体排放量也不会超过 2011～2012 年的高点。

3. 煤炭开发过程碳排放以 CH_4 为主

2020 年煤炭开发过程温室气体排放结构中，CH_4 占比 56.7%，CO_2 占比 43.3%。按照“双碳”目标的推进步骤，碳达峰的范围是 CO_2，碳中和的范围是全部温室气体，而煤炭开发过程 CO_2 排放和温室气体排放已达峰值，可以推测在碳达峰阶段，“双碳”目标对煤炭行业的直接影响较小，煤炭行业的碳减排任务主要是在碳中和阶段。

2.3 煤炭利用碳排放特征

煤炭利用主要集中在电力、钢铁、建材及化工四大行业，主要以燃烧提供热量的形式利用，并最终排放出 CO_2。煤炭消费过程中碳排放量的测算，往往因基础数据统计口径不一致，不同地区煤质数据差异明显，导致估算结果存在较大的不确定性[26]。Liu 等[42]通过分析我国 602 个煤样和 4243 个煤矿中的煤质数据，更新了我国煤炭消费的碳排放因子，得出我国煤炭消费的碳排放因子平均比 IPCC 建议的默认值低 40%。鉴于此，在上述研究的基础上，调研我国分行业煤炭消费煤种、煤质数据，估算 2010～2020 年不同行业的碳排放量。

2.3.1 计算模型与方法

采用自上而下的排放因子法，计算煤炭在电力、钢铁、建材及化工行业消费对应的碳排放量。排放因子法是指通过活动水平数据和相关参数计算碳排放量的方法：

$$E_{ij} = \sum_{i=1}^{5} \sum_{j}^{2020} T_{ij} \times \mathrm{EF}_{ij} \tag{2.11}$$

式中：E_{ij} 为电力、钢铁、建材及化工行业在第 j 年煤炭消费产生的碳排放量，万 t；T_{ij} 为电力、钢铁、建材及化工行业在第 j 年的煤炭消费量，万 t；EF_{ij} 为电力、钢铁、建材及化工行业第 j 年对应的碳排放因子，tCO_2/t 原煤；$i=1, 2,\cdots,5$ 分别表示电力、钢铁、建材、化工行业及居民散烧；$j=2010,\cdots,2020$，分别表示不同的年份。

国际通用的煤炭消费碳排放因子是依据煤种净热值、碳含量及其氧化率计算得到的，其计算公式如下[42]：

$$\mathrm{EF}_{ij} = Q_{ij} \times O_{ij} \times C_{ij} \tag{2.12}$$

式中：Q_{ij} 为 i 行业第 j 年(考虑技术进步)燃烧每单位煤炭产生的热量，TJ/t；C_{ij} 为 i 行业第 j 年煤炭燃烧生成单位热量对应的碳含量，tCO_2/TJ；O_{ij} 为 i 行业第 j 年煤中碳在燃烧过程中被氧化并排放到大气中的燃料比例，%。

我国煤炭的开采和利用过程中没有以热量的形式统计净热值和碳含量，可用碳的质量含量 C_{car} 来替代，获得更直接的碳排放量估算(tCO_2/t 煤)。定义 $C_{\mathrm{car}ij} = Q_{ij} \times C_{ij}$，因此碳排放总量可计算为

$$E_{ij} = \sum_{i=1}^{4}\sum_{j}^{2020} T_{ij} \times \mathrm{EF}_{ij} = \sum_{i=1}^{4}\sum_{j}^{2020} T_{ij} \times O_{ij} \times C_{\mathrm{car}ij} \tag{2.13}$$

通过调研文献得到了不同行业消费煤炭中褐煤、烟煤和无烟煤的比例[43-44]，结合 Liu 等[42]更新的 C_{car} 和 O 的数据估算了不同行业煤炭消费碳排放因子。

碳排放强度表征单位产出对应的碳排放量，随着技术进步和产出增加而降低，其计算方法为

$$F_{ij} = E_{ij} / G_{ij} \tag{2.14}$$

式中：F_{ij} 为 i 行业第 j 年的碳排放强度；G_{ij} 为 i 行业第 j 年的产出量。煤炭在电力和钢铁行业的消费主要产出是电力和钢铁，可以直接依据碳排放量和对应的发电量、粗钢产量直接测算碳排放强度。但煤炭在建材

和化工行业消费对应的建材、化工产品众多，限于数据可获得性，仅分析煤炭消费总的碳排放强度、电力和钢铁行业碳排放强度的变化。

2.3.2 碳排放量与排放强度

1. 碳排放总量

依据式(2.13)和历年不同行业煤炭消费量数据，估算 2010～2020 年我国主要煤炭消费行业碳排放量，如图 2.7 所示。

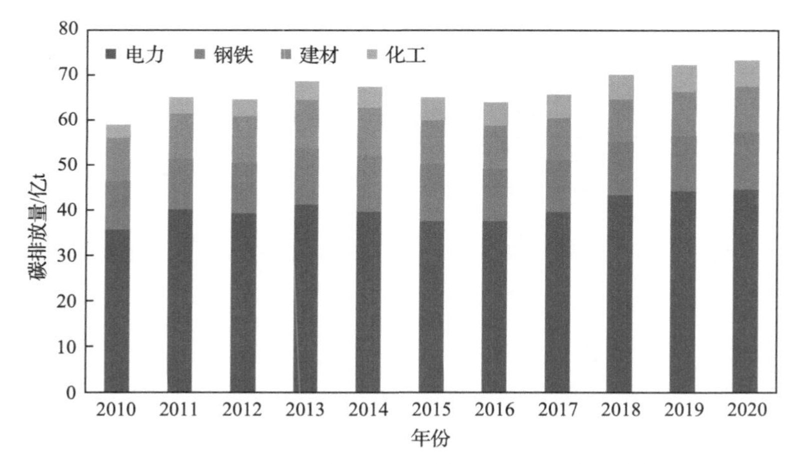

图 2.7 2010～2020 年我国主要煤炭消费行业碳排放量估算

由图 2.7 可知，煤炭消费碳排放总量由 2010 年的 59.2 亿 t 先增加到 2013 年的 68.7 亿 t，年均增加 5.09%，随后逐渐降低到 2016 年的 64.1 亿 t，年均降低 2.28%，而后逐渐增加到 2020 年的 73.4 亿 t，年均增加 3.45%。电力行业煤炭消费碳排放量由 2010 年的 35.8 亿 t 先增加到 2013 年的 41.3 亿 t，年均增加 4.88%，随后逐渐降低到 2016 年的 37.7 亿 t，年均降低 2.99%，而后逐渐增加到 2020 年的 44.7 亿 t，年均增加 4.35%；钢铁行业煤炭消费碳排放量由 2010 年的 10.7 亿 t 先增加到 2013 年的 12.5 亿 t，年均增加 5.32%，随后逐渐降低到 2016 年的 11.6 亿 t，年均降低 2.46%，而后逐渐增加到 2020 年的 12.8 亿 t，年均增加 2.49%；建材行业煤炭消费碳排放量由 2010 年的 9.5 亿 t 先增加到 2013 年的 10.7 亿 t，年均增加 4.04%，随后逐渐增加到 2016 年的 11.6 亿 t，年均增加

2.73%，而后逐渐降低到 2020 年 10.1 亿 t，年均降低 3.40%；化工行业煤炭消费碳排放量近年来呈现逐年增加趋势，由 2010 年的 3.1 亿 t 逐渐增加到 2020 的 5.8 亿 t，年均增加 6.46%。煤炭消费碳排放量受煤炭消费量及碳排放因子影响，其中煤炭消费量是最主要的影响因素，故煤炭消费碳排放量与近年煤炭消费量的变化趋势一致。

2. *碳排放结构*

依据煤炭在不同消费行业的碳排放量，测算对应的碳排放结构，如图 2.8 所示。

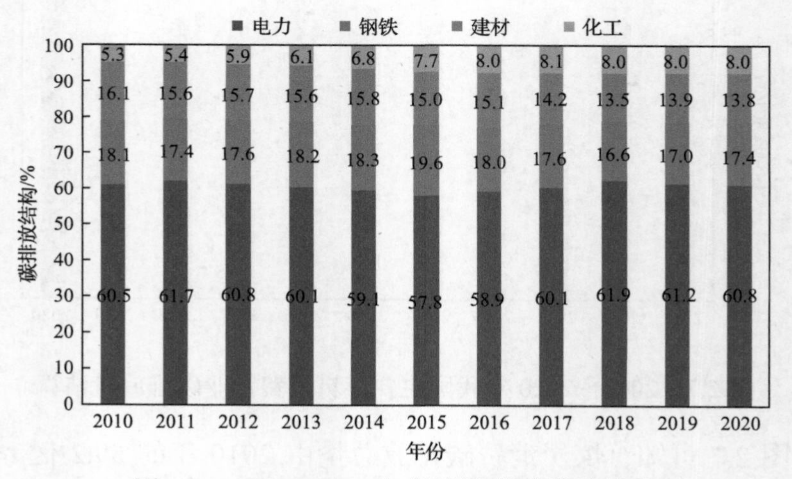

图 2.8　2010～2020 年煤炭消费碳排放结构

由图 2.8 可知，在煤炭消费碳排放总量中，电力行业煤炭消费碳排放量占比整体呈现先降低，再增加，而后降低的趋势，由 2010 年的 60.5% 先波动降低到 2015 年的 57.8%，而后再增加到 2018 年的 61.9%，随后波动降低到 2020 年的 60.8%；钢铁行业煤炭消费碳排放量占比整体呈现先增加，而后降低的趋势，由 2010 年的 18.1%先波动增加到 2015 年的 19.6%，而后波动降低到 2020 年的 17.4%；建材行业煤炭消费碳排放量占比整体呈现波动降低趋势，由 2010 年的 16.1%逐渐波动降低到 2020 年的 13.8%；化工行业煤炭消费碳排放量占比呈现增加趋势，由 2010 年的 5.3%先快速增加到 2017 年的 8.1%，而后维持在 8.0%。

3. 碳排放强度

煤炭消费总的碳排放强度、电力和钢铁行业碳排放强度的变化如图 2.9 所示。

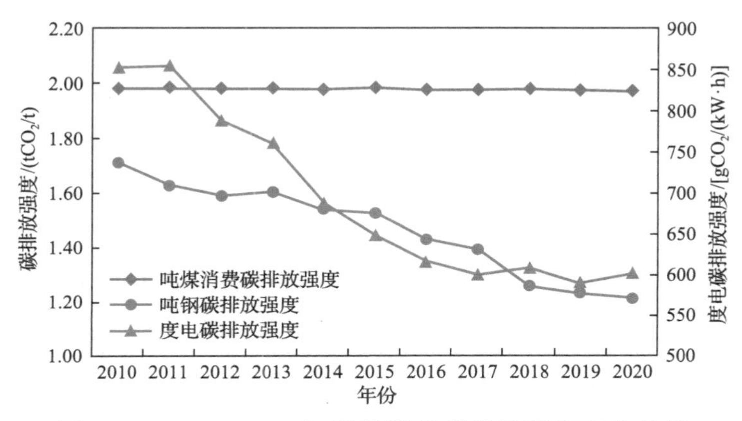

图 2.9 2010～2020 年煤炭消费碳排放强度变化趋势

煤炭消费总的碳排放强度是由煤炭在四大行业总的碳排放量除以煤炭消费量计算得到的，即单位煤炭消费产生的碳排放强度。由图 2.9 可知，煤炭消费总的碳排放强度整体呈现缓慢降低趋势，由 2010 年的 1.983tCO_2/t 缓慢降低到 2020 年的 1.973tCO_2/t，年均降低 0.05%；度电碳排放强度呈现快速降低趋势，由 2010 年的 852.2$gCO_2/(kW·h)$ 快速降低到 2020 年的 602.1$gCO_2/(kW·h)$，年均降低 3.41%；吨钢碳排放强度呈现快速降低趋势，由 2010 年的 1.71tCO_2/t，快递降低到 2020 年的 1.21tCO_2/t，年均降低 3.40%。

2.3.3 特征分析

1. 煤炭消费碳排放总量整体呈现增加趋势

近年来，煤炭消费碳排放总量整体呈现增加趋势，由 2010 年的 59.2 亿 t 波动增长到 2020 年的 73.4 亿 t，年均增加 2.17%。煤炭主要消费行业碳排放量整体均呈现增加趋势，如电力行业由 2010 年的 35.8 亿 t 波动增加到 2020 年的 44.7 亿 t，年均增加 2.25%；钢铁行业由 2010 年的 10.7 亿 t 波动增加到 2020 年的 12.8 亿 t，年均增加 1.81%；建材行业由

2010 年的 9.5 亿 t 波动增加到 2020 年的 10.1 亿 t，年均增加 0.61%。“双碳”目标对以煤为主的能源结构带来巨大的压力，首当其冲的是煤炭消费领域。

2. 煤炭消费碳排放量主要集中在电力行业

从 2010 年到 2020 年，电力行业煤炭消费碳排放量占比始终保持在 60%左右，钢铁和建材行业煤炭消费碳排放量占比呈现降低趋势，而化工行业煤炭消费碳排放量占比呈现快速增加趋势，到 2020 年钢铁、建材和化工行业煤炭消费碳排放量占比分别约为 17%、14%和 8%。“双碳”目标将加速电力、钢铁、建材行业煤炭消费碳排放量达峰降低，加速优化煤炭消费结构，对煤炭行业产生冲击。

3. 煤炭消费碳排放强度总体呈现降低趋势

煤炭消费总的碳排放强度呈现降低趋势，但降低幅度不明显。电力和钢铁行业碳排放强度降低趋势明显，年均降低幅度达到 3.4%。“双碳”目标下，为进一步限制碳排放，必将推高碳交易价格，煤炭消费高碳排放将面临显著压力。同时，国家、行业、企业都会采取系列措施，如加速节能降耗政策的推进、提升煤炭清洁高效利用水平、加大碳捕集、利用与封存技术研发投入，以应对“双碳”目标带来的挑战与机遇。

2.4 煤炭需求影响因素及作用机理

煤炭行业存在和发展的重要前提是经济社会发展和人民生活水平提高对煤炭有需求，厘清煤炭需求影响因素及作用机理，是研究“双碳”目标对煤炭行业影响的重要基础。

2.4.1 煤炭需求特征

1. 总量上：煤炭需求持续增长

鉴于我国的能源资源禀赋和国际能源价格、国际形势，我国主要依靠本土能源，而煤炭是本土唯一可以依靠的能源。我国煤炭消费量由 1978 年的 4.04 亿 tce[①]增加到 2021 年的 29.34 亿 tce，增长了 6.26 倍（图 2.10）。按照四个阶段划分：1978～1992 年，随着改革开放政策的实施，经济社会对作为主体能源的煤炭需求量猛增，煤炭消费量稳步增加，年均增加 5.24%；1993～2002 年，受亚洲金融危机影响，我国处于经济波动调整时期，煤炭消费量波动起伏，由 8.66 亿 tce 增长至 11.62 亿 tce，增长了 34.18%，其间 1997～1999 年消费增速为负值；2003～2016 年，在我国经济快速增长的拉动下，煤炭消费也快速增加，消费量接近翻番，年均增加 5.28%；2017～2020 年，由于经济发展方式调整，煤炭消费增速下降，煤炭消费进入平台期，年均增加 2.02%。

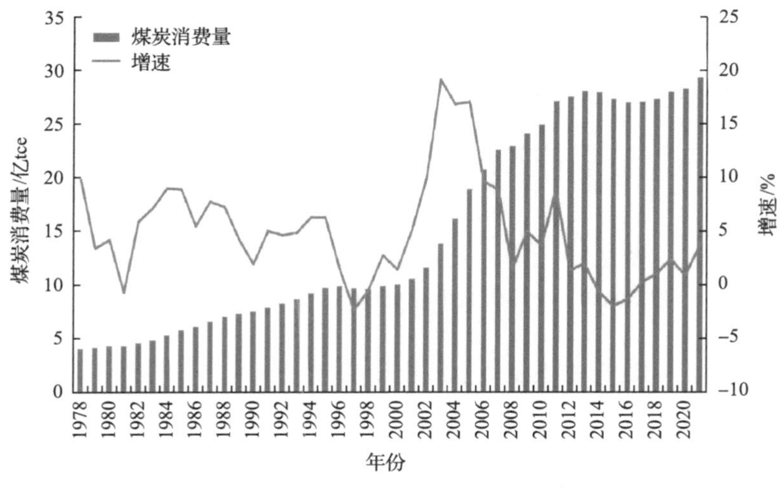

图 2.10 1978～2021 年煤炭消费量与增速

数据来源：历年《中国统计年鉴》

2. 结构上：向大型集中消费转变

2000～2021 年电力、钢铁、建材、化工等煤炭消费量由 23.40 亿 t 增至 42.34 亿 t，占煤炭消费总量的比例也由 74.32%上升到 96.51%，而分散用煤由 6.01 亿 t 降至 2.83 亿 t，占比由 25.74%降至 3.52%。电力是

① tce 为吨标准煤。

煤炭最大的消费领域，2021 年煤炭消耗量达 24.23 亿 t，占煤炭消费总量的 58.6%。2021 年化工行业(甲醇、合成氨、煤制油、煤制气耗煤)煤炭消耗量 3.36 亿 t，占煤炭消费总量的 8.12%，如图 2.11 所示。未来仍将通过集中化煤炭消费，提升整体煤炭利用效率，进一步拓展煤炭的原料化和材料化应用途径，实现 CO_2 等污染物的超低排放，提升碳循环资源化利用水平。

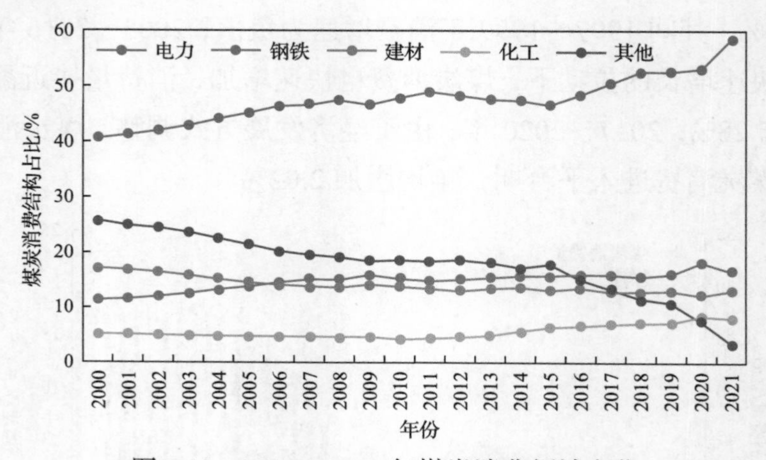

图 2.11　2000～2021 年煤炭消费领域变化

数据来源：中国煤炭市场网(https://www.cctd.com.cn/)

3. 竞争上：煤炭与其他能源开始存量竞争

随着经济进入中速平稳增长期、人口增速放缓，我国能源需求增速持续放缓，从 2000～2009 年的年均增长 9.63%，下降为 2010～2021 年的年均增长 3.28%。煤炭资源是我国储量最为丰富的常规能源，以煤为主是我国能源结构的主要特征。统计数据表明，1978～2021 年，煤炭消费一直占据我国能源消费结构中的主体地位。2021 年，全国能源消费总量达 52.4 亿 tce，其中煤炭占能源消费总量的 56%(图 2.12)。

在产业政策引导和鼓励下，光伏、风能等非化石能源快速发展，已成为我国能源供应的重要组成部分，煤炭与其他能源由增量竞争转向存量竞争(图 2.13)。

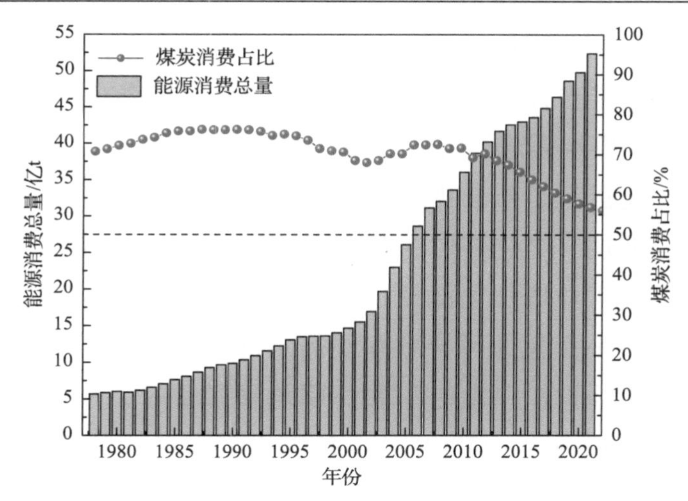

图 2.12　1978～2021 年能源消费总量及煤炭消费占比

数据来源：历年《中国能源统计年鉴》

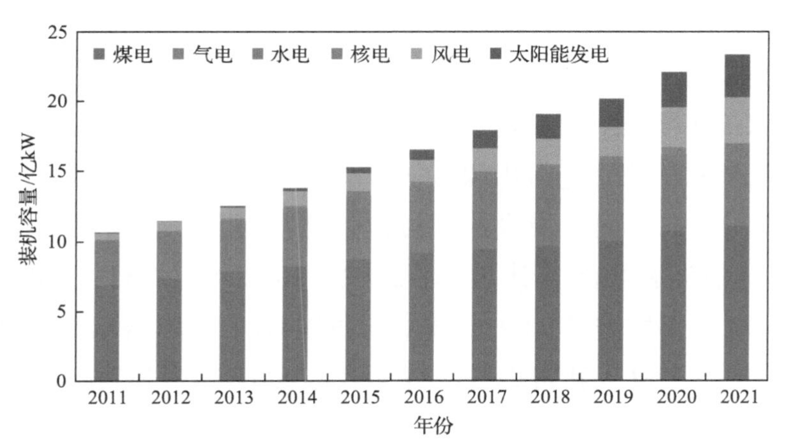

图 2.13　2011～2021 年电力装机容量变化

数据来源：历年《中国能源统计年鉴》

2.4.2　煤炭需求影响因素

依据相关文献和经济学理论，影响煤炭需求的因素通常包括经济发展水平、技术进步、可替代能源、节能环保政策等。

1. 经济发展水平

我国的经济增长对煤炭消费有较大的依赖性，同时煤炭消费也促进了经济增长。经济发展水平高的地区聚集了更多的人口和更快速的工业发展，对能源的需求日益加大，在能源供应充足的条件下，能源消费也呈现快速增长。煤炭需求量相对于国民收入的弹性较高，基于我国现阶段国情和现代化进程，未来我国经济仍然会保持较高的增长率，煤炭需求量将会持续增加。产业结构的变化对煤炭需求具有重要的影响，其中重工业增加值占工业增加值的比例可用来衡量产业结构的变化，重工业增加值占比的较小变化即可导致煤炭需求的较大波动。

林伯强等[45]研究了煤炭需求长期均衡关系，得出国内生产总值(gross domestic product，GDP)增长是煤炭需求增长的主要原因，工业结构调整对煤炭需求具有很大的抑制作用，运输成本对煤炭需求影响较大，因而煤炭价格对煤炭需求影响很大。李维明等[46]采用经济周期理论，基于灰色关联法、煤炭消费弹性系数及能源结构影响效率计算模型对不同经济周期的煤炭消费与经济增长的互动关系进行了深入研究，得出 GDP 增长对煤炭消费的依赖程度因经济周期不同而呈现不同特征。丁志华等[47]研究得出煤炭需求变化通过价格路径对我国经济增长造成负向影响，而煤炭供给通过价格路径对我国经济增长呈现正相关关系。林伯强和吴微[48]认为，在 2002～2012 年煤炭行业“黄金十年”期间煤炭需求年均增长 9.02%，基本与我国 GDP 年均增长 10.50%同步，而此后我国经济进入新常态，保持 6.0%～8.0%的中高速增长背景，煤炭需求与经济增长开始出现背离。方行明等[49]构建了煤炭需求与经济发展的库兹涅茨曲线模型，基于面板数据研究得出我国煤炭需求与经济增长间的库兹涅茨特征明显，煤炭需求下降的理论拐点在 2040 年左右，在各种有效调控政策作用下，拐点可提前达到。

2. 技术进步

煤炭消费主要集中在电力、钢铁、建材及化工等行业及工业锅炉和其他民用设施，通过技术改造和工艺优化，可提高煤炭利用效率和系统节能，减少煤炭使用量。煤炭作为燃料发电是煤炭清洁高效利用的主要领域,全国燃煤电厂供电煤耗由2015年的315.0gce[①]/(kW·h)降低到2021年的302.5gce/(kW·h),目前最先进的燃煤电厂供电煤耗已达到251gce/(kW·h)。未来随着700℃超超临界发电技术取得突破,可提升火电厂发电效率和能源转化效率,将进一步降低供电煤耗。煤炭作为原料进行清洁转化主要集中在煤化工领域,目前煤化工领域先进与落后产能并存,不同企业间的能效水平差异显著,节能降碳改造升级潜力较大。随着技术进一步提升和优化,将进一步提高煤化工能效水平。

刘峰[50]系统梳理了改革开放40年,科技进步在煤炭地质勘查领域、矿井建设领域、煤炭开采领域、煤与瓦斯共采领域及煤矿信息化领域取得的显著进展,推动了煤炭工业从劳动密集型转向技术密集型,实现了跨越式发展。蔡义名等[51]通过案例实证得出依靠科技进步,更新采煤工艺和方法,提高煤炭资源可采量,延长矿井服务年限,可保障矿井的可持续发展。谢宏等[52]测算了2006～2015年煤炭行业科技进步贡献率,得出2006～2010年和2011～2015年平均科技进步贡献率分别为24.49%和37.82%,2015年煤炭科技进步贡献率为46.60%。李百吉和张倩倩[53]采用改进生产函数法,测算了2002～2013年我国煤炭工业科技进步贡献率,研究得出科技进步对我国煤炭工业的贡献率整体呈上升趋势,我国煤炭工业正逐步由资本拉动向技术创新驱动转变。

3. 可替代能源

我国正在推动以煤炭等传统能源的清洁化和新能源、可再生能源替代传统化石能源等为主要内容的能源革命。鉴于煤炭等传统化石能源利用过程碳排放的固有特性,新能源、可再生能源替代传统化石能源被认为是能源革命的终极目标。碳中和目标下,我国以煤为主的能源消费结构面临巨大的压力,可再生能源对煤炭增量替代效应逐步显现,但煤炭在我国经济发展中的战略地位依旧不可动摇[54]。方行明等[55]从化石能源在资源和环境上的不可持续、可再生能源在资源和环境上的可持续等

① gce为克标准煤。

方面提出了可再生能源替代化石能源的必然性。安慧昱[56]通过分析我国可再生能源替代化石能源的发展现状，指出当前可再生能源替代化石能源存在社会共识尚未形成、技术性和经济性差异明显、政策法律体系尚不完善、现行电力运行机制不适应可再生能源发展等问题。郭扬和李金叶[57]通过构建定量测算模型定量评价了新能源对化石能源的替代效应，研究得出新能源对于化石能源的替代效应达到 0.14，新能源对化石能源的替代依然任重道远。王俊[58]基于超越对数生产函数模型实证研究了天然气对煤炭的替代效应，研究得出天然气作为清洁低碳能源，应当作为我国能源革命的重要部分，需加大政策支持力度，加快推进其对煤炭的替代。刘晓红[59]研究了低碳情景下我国煤炭、石油与可再生能源的替代情况，得出煤炭、石油被可再生能源替代可降低环境污染，提高环境可持续性，应建立激励机制，加速推进可再生能源对煤炭、石油的替代进程。段光正[60]采用情景分析法，基于能源、经济与环境三者之间的关系及其相互影响，预测出我国有望于 2050 年可再生能源占一次能源消费比例达到 50%，实现可再生能源对传统化石能源的替代，煤炭在我国能源消费结构中的占比显著降低。王韶华[61]通过构建能源替代模型研究了石油、电力、天然气等对煤炭的替代情况，得出上述能源可以有效替代煤炭，但上述替代对降低能源综合碳排放系数的贡献率较平缓。

4. 节能环保政策

可再生能源的清洁、低碳属性，使其具有在应对气候变化方面广阔的应用前景[62]，而当前煤炭的价格并未包含其环境成本，使得可再生能源的成本相对居高，因而认为政府行为对于可再生能源的发展至关重要[63]。在我国加快推进生态文明建设背景下，环境问题越来越引起研究者和政府的广泛关注，对能源需求施加环境约束，从市场侧加强对污染型能源的监管，能倒逼能源结构升级[64]。我国受限于“以煤为主”的能源资源禀赋，煤炭在能源消费结构中长期占据主导地位，为我国经济社会发展做出了突出的贡献，同时煤炭开发利用带来的生态环境破坏、气候变化等问题，因此为应对生态环境、气候变化带来的一系列负面影响，控制煤炭消费总量是推进能源生产和消费革命，解决雾霾等突出环境问题的重要任务。

近年来，我国各行业节能减排工作不断推进，能源利用效率显著提高，经济增速和高耗煤行业发展放缓，煤炭消费总量控制成效显著[65]。武晓明等[66]构建了不同政策对煤炭需求影响的计量模型，并通过实证得出 1979～2005 年煤炭需求与国家宏观政策、价格政策、环保政策、产业结构调整政策、煤炭利用效率政策存在长期的均衡关系。林伯强和李江龙[64]通过构建环境治理的我国能源综合预测模块对煤炭需求进行预测，得出我国煤炭需求峰值将在 2023 年达到，需求量为 45 亿 t，加大大气污染治理力度，煤炭需求峰值可能提前出现，同时推进能源消费结构转变进程加快。臧元峰和王强[67]梳理了以大气污染防治为主线的“控煤”政策发展与演变历程，并结合不同地区政策执行情况研判了煤炭消费减量替代发展趋势。宋豪等[68]基于神经网络模型研究了环境约束下煤炭需求量，得出我国煤炭需求量在 2025 年左右达到峰值 30 亿 tce，2050 年约为 20 亿 tce。

2.4.3　煤炭需求影响因素作用机理

煤炭是我国的主要能源，我国长期处于社会主义初级阶段的国情，决定了经济增长仍将拉动煤炭需求增长。综上可知，经济增长因素是拉动煤炭需求的根本驱动力，经济增长通过引导政府调控能源政策，对煤炭需求产生影响。经济增长、科技进步、产业结构优化等可推动提高能源利用效率，调整能源需求，促进能源消费结构优化升级，最终影响煤炭需求。科技进步可改变不同能源的竞争力，在能源调控政策的影响下，新能源等可替代能源快速发展，影响能源需求和消费结构，进而影响煤炭需求，如图 2.14 所示。

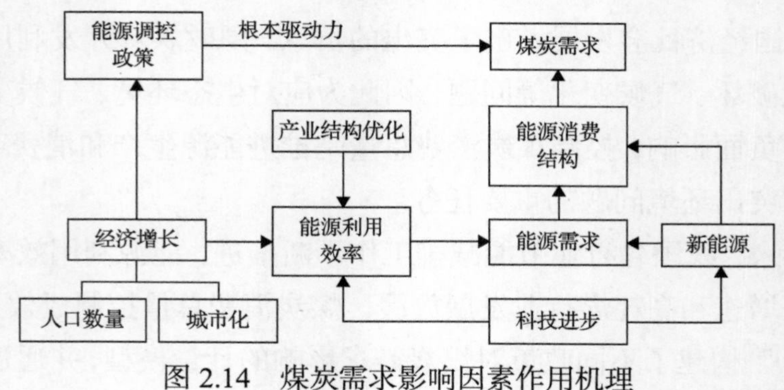

图 2.14　煤炭需求影响因素作用机理

2.5　煤炭供给影响因素及作用机理

2.5.1　煤炭供给影响因素

依据相关文献和经济学理论，煤炭需求是煤炭供给的最直接动力，支撑煤炭供给的因素通常还包括资本、劳动、技术、资源、政策等。

1. 资本(煤炭工业固定资产投资)

资金是所有行业发展的根本，只有不断地资金流入，行业才能发展，煤炭行业经历了资金快速流入到投资急剧下降的过山车式波动过程。2000～2002 年为煤炭工业改革脱困阶段，煤炭行业大力整顿小煤矿，着力解决结构性矛盾等深层次问题，投资总额逐渐增加；2003～2012 年是我国煤炭行业快速发展的“黄金十年”，随着煤炭需求上升，煤炭企业盈利能力提高，大量社会资本进入煤炭行业，投资总额快速增长，从 2003 年的 437 亿元上升到 2012 年的 5370 亿元，10 年增长了 11 倍，年均增长高达 32.15%，资金的大量投入，造成众多项目无序开工，煤炭生产能力迅速增强，市场过热明显；2013～2016 年，全国煤炭行业产能过剩，需求疲软，价格下滑，大量煤炭企业亏损，经营压力加大，煤炭采选业固定资产投资连续五年逐年降低；2016 年开始，煤炭行业进入化解过剩产能阶段，至 2020 年末煤炭化解过剩产能主要目标基本完成，煤炭行业由总量性去产能转向系统性去产能、结构性优产能，与此同时，随着行业效益持续好转，煤炭行业固定资产投资开始回升。

尽管煤炭行业的固定资产投资额度在不断增加，但受煤矿建设周期制约，固定资产投资对于煤炭产量的影响程度有较长的滞后期。张洪潮和李秀林[69]基于灰色关联度法研究了主要产煤省份固定资产投资与原煤产量的关系，得出固定资产投资与煤炭产业发展存在逐年增加的正相关关系。宋涛等[70]以精煤可供量作为先进煤炭供给量研究了供给侧结构性改革下煤炭优质供应的影响因素，得出科技投入短期内会对煤炭优质供给产生大的负冲击，但长期来看促进煤炭优质供给。

2. 劳动(煤炭行业从业人员)

我国煤炭行业从业人员人数较多，属于典型的劳动密集型行业。2000 年以前，煤炭开采和洗选业的从业人员平均人数不足 400 万人。随着煤炭行业“黄金十年”的开启，2004 年突破了 400 万人，2008 年突破了 500 万人，2013 年达到历史最高值 611 万人。随着产能过剩以及亏损加剧，煤炭企业纷纷实施降本增资并启动人员分流，从 2014 年起，煤炭行业从业人员平均人数开始回落。据《第四次全国经济普查》，2018 年煤炭行业从业人员为 347.3 万人，仍是采矿业中人员最多的行业，占采矿业总人数的 58.27%；在第二产业所有 40 个行业划分中，煤炭行业人数排名第 12 位，占第二产业总人数的 3%，如图 2.15 所示。结合当年产量数据，可以计算出我国煤炭行业的人均产量约 1059.6t，远远低于美国煤炭行业人均产量 1.28 万 t 的水平(2018 年美国原煤产量 6.84 亿 t，从业人员 53583 人)，由此得出我国煤炭行业仍属由劳动密集驱动发展型[71]。李杨等[72]通过对国内外煤炭行业从业人员及人才培养现状进行对比研究，得出我国煤炭行业在管理、技术等方面已经位于国际前列，但与国际领先水平相比还存在一定差距。

从业人员数量是影响经济生产的重要因素，对煤炭供给也不例外。基于生产函数理论，煤炭供给能力随着劳动力数量的增加而增加，当劳动力数量增加到一定程度后，煤炭供给能力则会趋于平稳。近年来，我

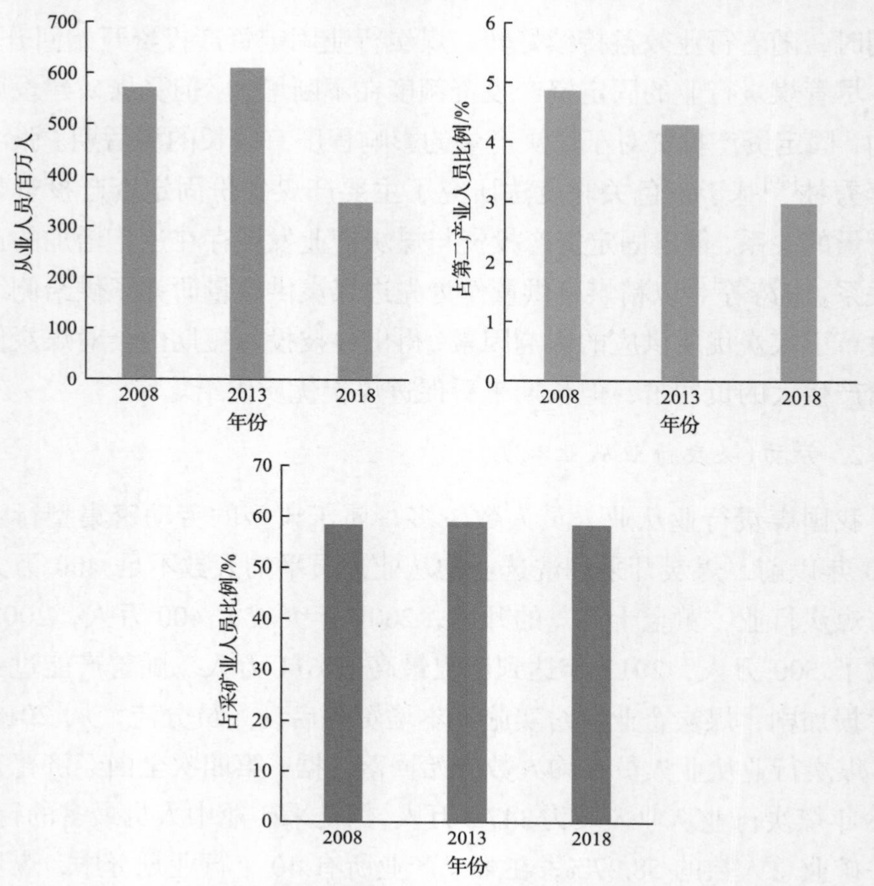

图 2.15　煤炭行业从业人员情况

数据来源：《第四次全国经济普查》

国煤炭产量呈现增加趋势，但从业人员数量呈现降低趋势，主要是受到国家供给侧结构性改革、去产能政策的影响。随着煤矿生产规模化、智能化提升煤矿开采水平，矿井数量和从业人员仍将进一步降低，推动煤矿开采成本进一步降低。现阶段新建大型矿井，人均年度产出约 1 万 t，随着大型矿井占比提升，未来人均产出仍将继续提升，吨煤产出人工成本和折旧摊销有望进一步降低，推动煤炭开采成本降低，增加煤炭竞争力。张永胜等[73]通过构建模型对山西省煤炭行业人才需求进行预测，得出山西省实施煤炭资源整合、煤矿兼并重组战略后，煤炭行业进入全新的发展阶段，应加强各类人才的培养、引进和用好，以保障由煤炭大省向煤炭强省转变。李炜怿等[74]对我国西部地区煤炭行业技能人才需求现状进行分析，并结合西部地区煤炭类院校和煤炭企业人力资源现状，提出煤炭技能人才培训政策建议。

3. 技术(煤炭科学技术进步)

我国煤矿采煤机械化起步较晚，20 世纪 60 年代，机械化程度不到 10%，随着科学技术不断进步，大型煤炭企业采煤机械化程度快速提高，到 2021 年为 98.86%(图 2.16)。与此同时，煤炭科技创新由跟踪、模仿逐步升级到并跑、领跑，我国煤矿智能化开采技术装备、大型矿井建设、特厚煤层综放开采等技术已达到国际领先水平，建成了约 800 个智能化采煤工作面，并开创了“1 人巡视、无人操作”综采智能化开采新模式。此外，我国大型综采成套技术和装备已整套出口到俄罗斯、乌克兰等多个国家，实现了技术装备由输入到输出的颠覆性转变。

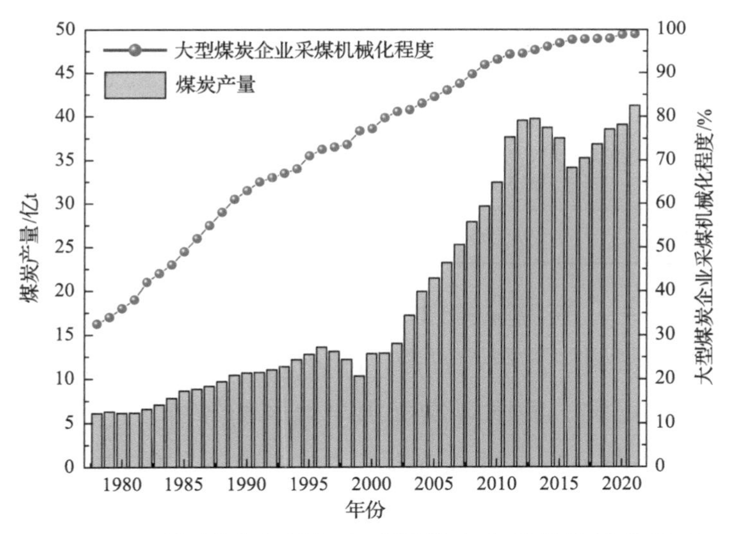

图 2.16 历年煤炭产量与大型煤炭企业采煤机械化程度
数据来源：历年《中国煤炭工业年鉴》《煤炭行业发展年度报告》

4. 资源(煤炭资源)

我国煤炭资源分布相对集中，呈“井”字形分布格局。南北分布上，主要有北方太行山到贺兰山之间包括晋、陕、蒙、宁、豫和新疆塔里木河以北，以及南方川南、黔西、滇东的富煤区。东西分布上，大兴安岭—太行山—雪峰山一线以西地区，已发现煤炭资源占全国的 89%，而该线以东仅占 11%，其中以山西、陕西、内蒙古等省份的储量最为丰富。晋陕蒙（西）地区集中了我国煤炭资源的 60%，另外还有近 9%集中于川、云、贵、渝地区。依据《中国矿产资源报告(2021)》，全国已查证煤炭资源储量/资源量见表 2.1。

表 2.1　全国已查证煤炭资源储量/资源量统计表

区划	储量/亿 t			普查资源量/亿 t	合计	
	生产、在建占用	尚未占用	合计		资源量/亿 t	比例/%
华北	774.05	1563.83	2337.88	1173.43	3511.31	48.49
华东	269.63	137.58	407.21	122.17	529.38	7.31
中南	117.59	76.72	194.31	61.66	255.97	3.53
东北	157.59	47.37	204.96	31.63	236.59	3.27
西南	125.79	322.49	448.28	128.42	576.70	7.96
华南	12.70	27.41	40.11	1.00	41.11	0.57
西北	458.69	813.66	1272.35	817.84	2090.19	28.87
总计	1916.04	2989.06	4905.1	2336.15	7241.25	100.00

截至 2021 年，我国煤炭探明保有资源量主要分布在山西、新疆、内蒙古、陕西、贵州、云南六省份，占全国的一半以上，如图 2.17 所示。

由图 2.17 可知，我国煤炭资源与地区的经济发达程度逆向分布，造成我国煤炭资源呈现“西煤东运”“北煤南运”的供需格局。煤炭资源开发地距离消费地远，增大煤炭运输的压力，成为制约煤炭资源发展利用的重要因素。

随着西部地区探获的资源量不断增大(目前预测资源量 3.85 万亿 t，占全国的 66.2%)，煤炭开发的广度逐渐由东部向西部地区转移。1949 年，我国煤炭行业重心主要集中在东部地区，产量 2153 万 t，占全国煤炭产量的 66.4%。其中，辽宁煤炭产量 544 万 t，居全国各省份之首。

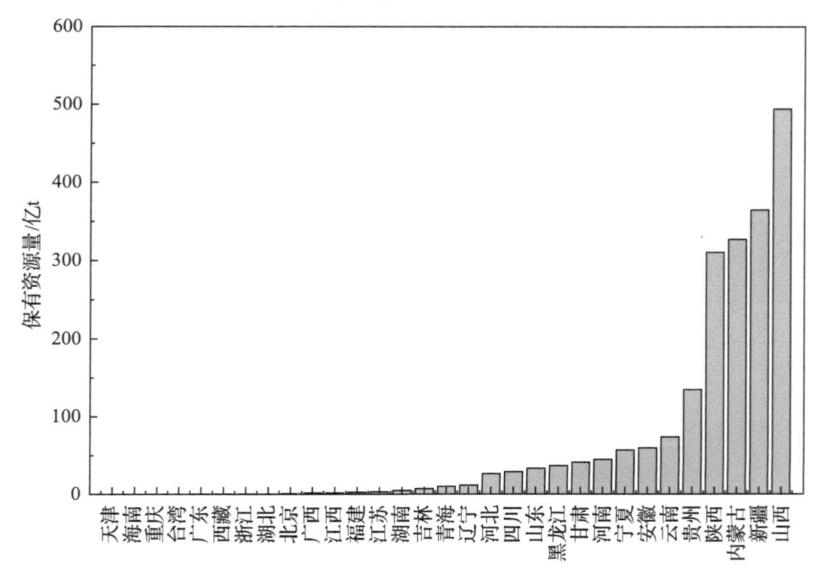

图 2.17 各省份煤炭探明保有资源量分布

数据来源：《中国矿产资源报告(2021)》

当年，中部地区煤炭产量 679 万 t，占全国煤炭产量的 20.9%；西部地区煤炭产量 411 万 t，仅占全国煤炭产量的 12.7%。2008 年，我国西部地区煤炭产量达到 11.71 亿 t，占全国煤炭产量的 43.2%，首次超越中部地区成为全国煤炭主要供应地和重要商品煤调出地区；中部地区煤炭产量 10.73 亿 t，占全国煤炭产量的 39.6%；东部地区煤炭产量 4.66 亿 t，占全国煤炭产量的 17.2%。2019 年以来，中东部一些省份提出大比例退出煤炭产能，我国煤炭开发进一步向西部地区集中。2020 年，我国西部地区煤炭产量占全国煤炭产量的 59.38%，中部地区煤炭产量占全国煤炭产量的 33.63%；东部地区煤炭产量占全国煤炭产量的 6.99%，如图 2.18 所示。

5. 政策(煤炭产业政策)

纵观煤炭行业发展历程，煤炭产业政策随着煤炭市场的反复而变化，不断推动煤炭行业的发展，政策对市场的支撑作用明显。1978～1992 年，煤炭供应紧张，煤炭行业按照“发挥中央和地方两个积极性，大中

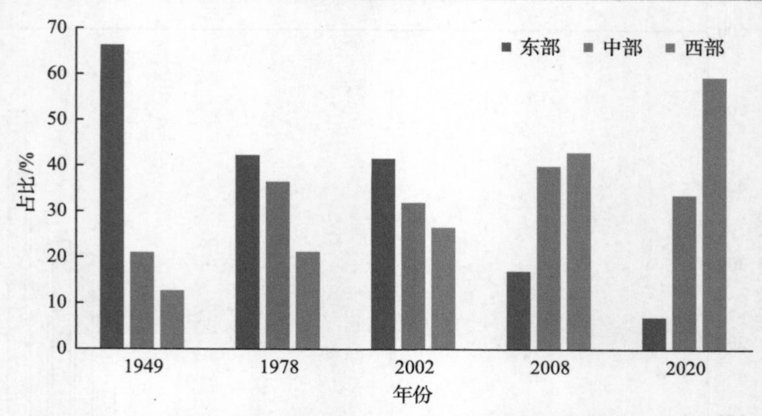

图 2.18　1949～2020 年我国各地区煤炭资源开发情况对比

数据来源：历年《煤炭行业发展年度报告》

小一起上”精神，大力发展煤炭生产。1993～2001 年，我国经济飞速发展，煤炭需求大增，国家出台《建设高产高效矿(井)暂行管理办法》，建设高效矿井，增加煤炭供应，与此同时，小煤矿数量迅速增加，出现了煤炭产能过剩的局面。2002～2012 年，国家相继出台《国务院关于促进煤炭工业健康发展的若干意见》《国家发展改革委办公厅 国土资源部办公厅关于做好煤炭资源开发规划管理工作的通知》《国务院办公厅转发国土资源部等部门对矿产资源开发进行整合意见的通知》等政策，开始煤炭生产秩序整顿和关闭小煤矿，在这个过程中煤炭逐渐供不应求，价格快速增长。2013～2020 年，受到我国整体经济发展降速、能源结构调整等影响，煤炭市场需求减弱、产能过剩，国家出台《关于煤炭行业化解过剩产能实现脱困发展的意见》等政策，煤炭工业化解过剩产能。

政策对煤炭供给的影响主要是对煤炭产量的影响，刘冰和马宇[75]研究了煤炭产业政策演变对煤炭产量的影响，构建煤炭产量的检验模型，研究得出煤炭产业政策促进煤炭产量增长效果显著。杨恒[76]基于双重差分模型研究了煤炭去产能政策对产业结构调整的影响，得出煤炭去产能政策对我国产业结构调整产生明显正向促进作用，既提高了煤炭企业生产效率，又可促使劳动力向制造业和服务业转移。贺玲等[77]基于可计算的一般均衡(computable general equilibrium，CGE)模型研究了煤炭去产能政策对产业部门的影响，得出煤炭去产能政策对应的降产量政策对煤炭产业结构调整作用最有效。

2.5.2 煤炭供给影响因素作用机理

综上可知，影响煤炭供给的因素主要包含煤炭工业固定资产投资、从业人员数量、煤炭科技进步、煤炭资源量及煤炭供给政策。煤炭供给影响因素作用机理，见表 2.2。

表 2.2 煤炭供给影响因素作用机理

影响因素	作用机理
固定资产投资	推动因素：增加固定资产投资→增加煤炭供给能力→煤炭产量增加；固定资产投资减少→供给能力减弱→煤炭产量减少
从业人员数量	约束性因素：劳动密集型行业，从业人员增多→煤炭供给能力增强→煤炭产量增加→开发成本增加→降低供给能力→煤炭产量减少
煤炭科技进步	推动性因素：加大研发投入→推动技术进步→提升煤炭供给能力→实现减员增效→降低煤炭开发成本→煤炭产量增加
煤炭资源量	约束性因素：煤炭资源开发→剩余煤炭资源量降低→煤炭开发难度增加→开采成本增加→供给能力下降；加大煤炭勘探开发支持力度→增加煤炭资源量→提升煤炭供给能力
煤炭供给政策	约束性因素：煤炭需求政策推动→增加煤炭需求→煤炭供给增加政策→增加固定资产投资/煤炭科技研发支持/煤炭勘探开发→增加煤炭供给能力→调控煤炭开发布局和生产能力→煤炭产量增加

2.6 本章小结

(1)界定了“双碳”目标、煤炭行业、减碳政策等的范围和内涵。可用“双碳”目标转化的政策措施的约束范围和约束强度，衡量不同时段“双碳”目标的内涵。煤炭行业是指以煤炭开采、洗选为主的组织结构体系，聚焦于煤炭开发环节，在国民经济中地位的核心指标是煤炭供给规模，“双碳”目标对煤炭行业的影响也将集中体现在煤炭产量变化上。

(2)测算分析了煤炭开发利用碳排放特征。煤炭开发过程碳排放强度总体较低(2020 年碳排放强度为 151.1kgCO_2/t)，仅相当于不到煤炭燃烧的 7%，结构上以 CH_4 为主，且煤炭开发过程 CO_2 排放和温室气体排放已达峰值，“双碳”目标限制碳排放对煤炭行业的直接影响将远低于经煤炭消费传导过来的间接影响，也将主要集中在碳中和阶段。煤炭利用过程碳排放量总体较大，“双碳”目标将给煤炭消费带来明显的压力。

(3)系统分析了煤炭需求、供给影响因素及作用机理。根据相关文献，筛选出经济发展水平、技术进步、可替代能源、节能环保政策等影响煤炭需求的关键因素，资本、劳动、技术、资源、政策等是影响煤炭供给的关键因素，并分析了其作用机理。

第 3 章 “双碳”目标对煤炭行业影响的传导机制

在煤炭供给与需求影响因素研究的基础上，本章将深入研究“双碳”目标对煤炭行业影响的传导因素间的结构关系。分析“双碳”目标对煤炭行业影响的主要方式，基于“双碳”目标转化为具体的减碳政策措施，从政策传导的视角，建立“双碳”目标对煤炭行业影响的传导机理模型；选择结构方程模型作为对多个因变量建模和检验特定假设的方法，以减碳政策（政策驱动）为外源潜在变量，建立减碳政策对煤炭行业影响的结构方程，构建“双碳”目标对煤炭行业影响的传导机制模型；选择 2005～2020 年面板数据，应用 SmartPLS 软件，检验模型的有效性，估计各个潜在变量间的路径系数和中介效应，识别“双碳”目标影响煤炭行业的主要路径。

3.1 “双碳”目标对煤炭行业影响的传导机理

3.1.1 “双碳”目标对煤炭行业影响的主要方式

“双碳”目标将推进经济社会广泛而深刻的系统性变革，煤炭行业作为我国能源供应的主体，“双碳”目标对煤炭行业的影响是多层次的，如图 3.1 所示。可以概括为对煤炭生产、煤炭需求及生产要素的影响。

1. 约束煤炭生产

煤炭开发过程排放 CO_2、CH_4 等温室气体，按照 2.3 节的估算，2020 年平均生产 1t 煤炭的 CO_2 排放强度 65.4kgCO_2/t，温室气体排放强度 151.1kgCO_2/t，煤炭生产过程排放的 CO_2、CH_4 折合 CO_2 当量约 5.93 亿 t/a[3]。虽然远低于煤炭燃烧利用，但是煤炭开发过程中 CH_4 排放量占

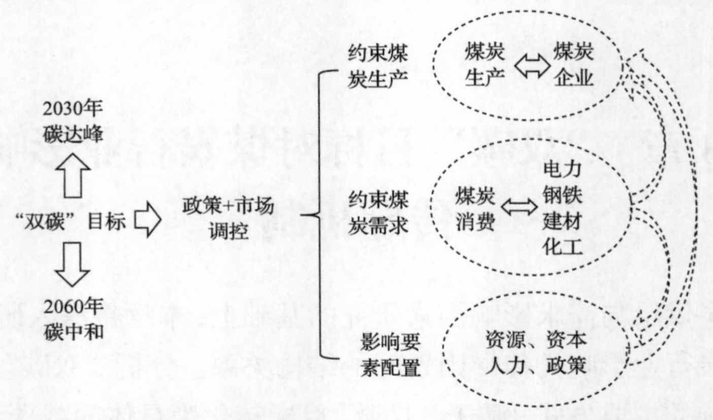

图 3.1　"双碳"目标对煤炭行业影响的主要方式示意图

能源活动 CH_4 总排放量的 50%以上，约占全国 CH_4 总排放量的 1/3[38]，因 CH_4 较 CO_2 更为显著的增温效益，已引起广泛的关注[78]。"双碳"目标下，煤炭行业碳减排势在必行，在低成本 CCUS 技术尚未大规模应用的情况下，减少或抵消这部分碳排放，必将增加煤炭生产成本或限制煤炭生产规模。

2. 约束煤炭需求

煤炭用作能源或材料，是真正的供给侧，煤炭开发规模很大程度上由煤炭需求决定。"双碳"目标要求减少煤炭利用的碳排放，直至实现零碳排放，甚至负碳排放。碳减排增加煤炭利用的成本，影响煤炭与其他能源的竞争力，约束煤炭需求。同时，碳减排要求也将促进技术进步，推动煤炭利用节能提效，在一定程度上对冲碳减排增加的成本，降低煤炭利用成本增加的幅度。

3. 影响煤炭生产要素配置

煤炭行业作为国民经济的一部分，为经济社会发展贡献能源，同时煤炭行业的发展也离不开国民经济发展的大环境。国民经济运行状况及其变化直接影响煤炭等相关能源需求，同时国民经济为煤炭行业发展提供资本、人力、技术、数据等要素。过去几十年，随着煤炭需求的不断增长，吸引了多方关注和投入，资源、资金、技术、人力、政策等生产要素不断在煤炭行业积聚，推动了煤炭行业的跨越式发展。"双碳"目标将影响生产要素在行业间的配置，影响煤炭行业的未来预期，影响生产要素流向煤炭行业。

3.1.2 "双碳"目标对煤炭行业影响的传导要素

党的十八大以来，我国持续深化"放管服"改革，最大限度地减少政府对市场资源的直接配置，最大限度地减少政府对市场活动的直接干预，出台的政策从命令控制型向市场激励型转变。可以预期，未来推动碳达峰碳中和将更加理性，会更多通过用能权交易、碳交易等市场化的手段，应用政策工具，将"双碳"目标转化为引导市场要素流动的减碳政策，从而对煤炭生产、需求和要素供给进行调控。

从政策传导的视角，"双碳"目标影响煤炭行业的传导要素主要包括政策工具、政策要素、政策对象等，如图 3.2 所示。

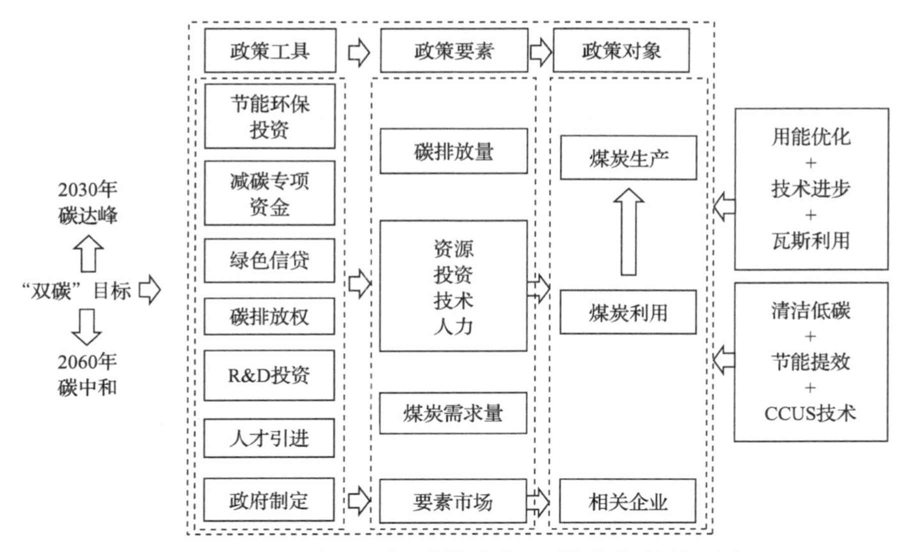

图 3.2 "双碳"目标对煤炭行业影响的传导要素

1. 政策工具

政府机构将"双碳"目标转化为节能环保投资、减碳专项资金、绿色信贷、碳排放权、研究与发展（research and development，R&D）投资、人才引进等具体政策措施。

2. 政策要素

在要素市场，政策发挥作用，约束碳排放量、煤炭需求量，影响资源、投资、技术、人力等生产要素在行业间的配置。要素市场则主要是需求拉动和要素驱动。

3. 政策对象

应对传导来的影响，政策对象将针对性采取应对措施。要素市场变化传导到相关企业，影响企业为获取政策要素而付出的代价，进而影响企业的行为决策和活动水平。在“双碳”目标约束下，煤炭生产企业将通过优化生产用能结构，大力推广应用节能提效技术，加大煤矿瓦斯抽采利用等措施，实现煤炭生产过程减碳；煤炭消费企业将推进煤炭清洁低碳利用，加大节能提效技术和 CCUS 技术研发，使煤炭变为清洁低碳能源，提高煤炭竞争力，维持或增加煤炭需求。

3.1.3 “双碳”目标对煤炭行业影响的传导机理模型

根据政策传导的方式，可以分为直接传导和间接传导，如图 3.3 所示。直接传导是通过制定政策措施直接影响煤炭供给的要素投入，实现

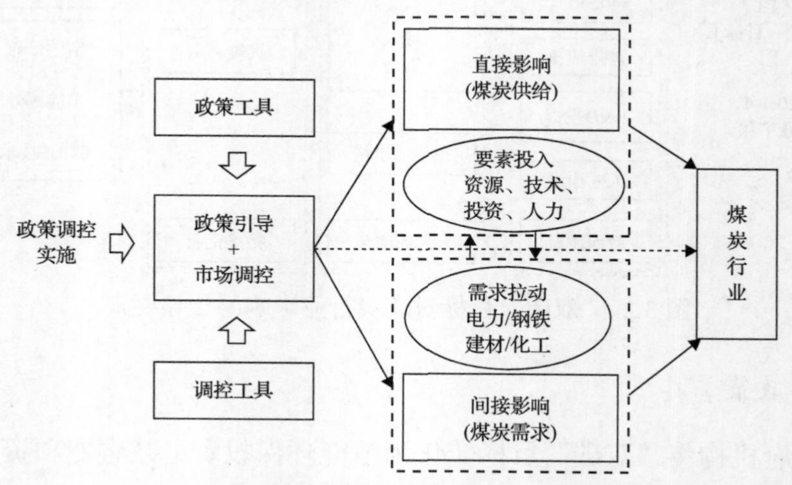

图 3.3　政策对煤炭行业传导机理示意图

对煤炭供给调控的方式，如煤炭行业固定资产投资、从业人员调控、煤炭资源的勘探开发投资力度等。间接传导是通过政策引导和市场调控等对市场要素进行引导等，间接影响煤炭供给和需求的方式，如促进经济增长的政策实施后，加大能源需求，间接提高了煤炭需求量，进而刺激煤炭供给政策实施，增加煤炭供给量，实现煤炭供需平衡。

“双碳”目标对煤炭行业的影响与其他政策对煤炭行业的影响类似，同样通过直接或间接的方式实现对煤炭供需的调控，如“双碳”目标政策趋于严格，引起市场对煤炭行业未来的不乐观预期，影响生产要素流向煤炭行业。“双碳”目标对煤炭行业传导的影响机制主要通过减碳政策对煤炭供给和需求产生影响。依据政策传导的内涵，政府制定和发布的政策均具有明确的政策目标，因此将所有可实现煤炭行业减碳的政策均纳入煤炭行业减碳政策的分析框架。煤炭行业减碳政策是指由政府制定的，推动煤炭生产和利用过程减少碳排放的相关政策的统称，主要通过政策工具和市场调控达到对煤炭供给（生产）和需求（消费）进行调控的目的。

依据政策传导理论构建减碳政策对煤炭行业影响的传导机理模型，引入政策预期和市场预期，建立减碳政策对煤炭行业供给和需求的传导过程：政策主体制定相应的政策并发布→煤炭供应和需求发生变化→煤炭行业市场主体的预期→煤炭市场主体调整供应策略及资源要素配置调整→消费需求侧应对策略及资源配置调整→政策实施后实现政策目标（煤炭市场主体供应和需求达到动态平衡）→新一轮的波动循环往复，如图3.4所示。

“双碳”目标转化的政策是多方位的，可概括为技术因素、经济因素、人口及结构因素、节能降耗及可替代清洁低碳能源等，政策的实施会在一定程度上引起煤炭供需波动。

（1）“双碳”目标→减碳政策→推动技术进步/调整经济增长方式/优化产业结构/加速节能降耗/调节人力资源配置/优化能源消费结构→煤炭要素投入/需求结构变化→煤炭市场自发调节→政策主体→政策工

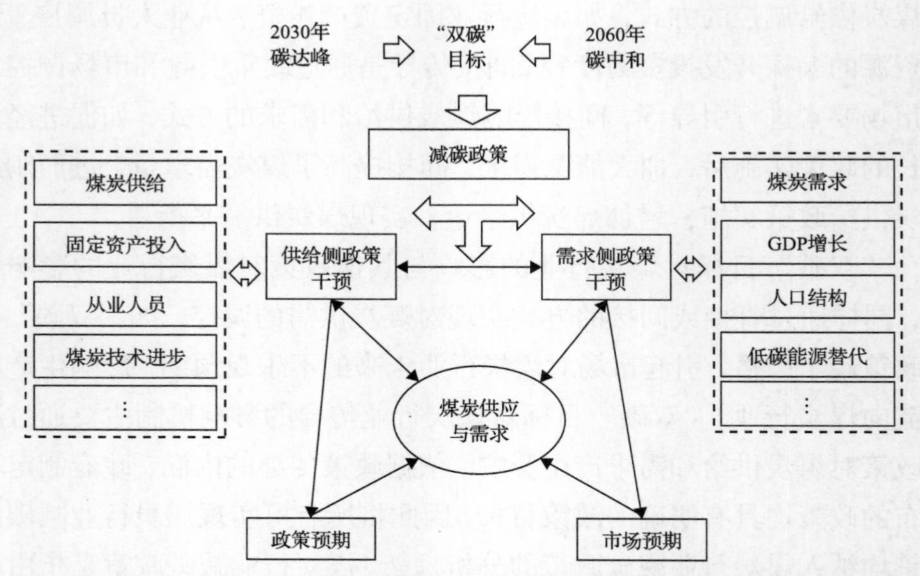

图 3.4 "双碳"目标对煤炭行业影响的传导机制理论模型

具→稳定煤炭供应政策→调整要素资源分配→实现煤炭供应新一轮的波动。

(2)减碳政策→煤炭供应波动→煤炭市场自发调节→政策主体→政策工具→稳定煤炭供应政策→调整要素资源分配→实现煤炭供应新一轮的波动。

通常情况下政府会制定一系列的政策(含减碳政策)来调控煤炭产业和宏观经济的平稳发展,政策的实施会在一定程度上导致煤炭供需波动,为防止煤炭市场短期失控,政府会选择对应的政策主体和合理的政策工具进行宏观调控。

(3)减碳政策→市场主体的市场预期和政策预期→煤炭消费需求政策调整→国民经济系统资源配置优化→实现煤炭需求新一轮的波动。

政策的制定发布及实施存在一定的传导时间,市场主体会对未来政策实施效果和市场变动情况做出预测,即政策预期和市场预期。政策预期和市场预期对煤炭供应和需求存在显著的影响[79]。

3.2 基于结构方程的“双碳”目标对煤炭行业影响的传导机制模型

3.2.1 模型构架

通过第 2 章我国煤炭供给与需求影响因素研究，可知影响煤炭供需的因素较多，不同学者基于不同的研究目的选择一种或多种影响因素进行定量的研究，然而由于不同影响因素所选取的观察变量存在共线性严重、因果关系复杂等特点，常规的多元回归等传统统计方法仅可从数值上分析各因素和煤炭供给与需求的关系，不能分析各因素间的相互作用和传导到煤炭供给与需求的过程和路径。因此，在已有研究的基础上，选取减碳政策、技术、社会经济、节能减碳、可替代能源、煤炭需求及要素投入七大因素作为潜在变量，构建政策传导视角下“双碳”目标对煤炭行业影响的传导机制模型，以期验证减碳政策对煤炭供需影响的传导路径和主要因素。减碳政策对煤炭行业影响的传导机制示意图如图 3.5 所示。

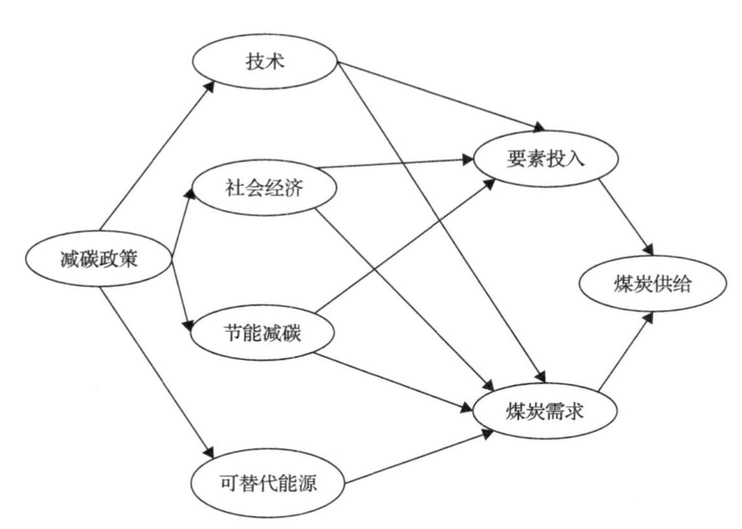

图 3.5 减碳政策对煤炭行业影响的传导机制示意图

由图 3.5 可知，减碳政策表示针对煤炭行业发展出台的一系列关于技术、社会经济、节能减碳、可替代能源、要素投入及煤炭需求等与减碳相关的政策，通过减碳政策强度来实现对煤炭供给的调控。

基于减碳政策对煤炭供需影响机制的研究，得出“双碳”目标对煤炭行业影响的主要途径，可概括为两方面：①通过加大研发投入、设定社会经济发展宏观目标及节能减碳目标等政策引导资本、人力等要素的投入，实现对煤炭供给的调节；②通过政策调控引导技术进步、产业结构调整、能源消费方式和结构变革等，实现对煤炭需求总量和需求结构优化，最终影响煤炭供给。“双碳”目标对煤炭行业的影响途径如图 3.6 所示。

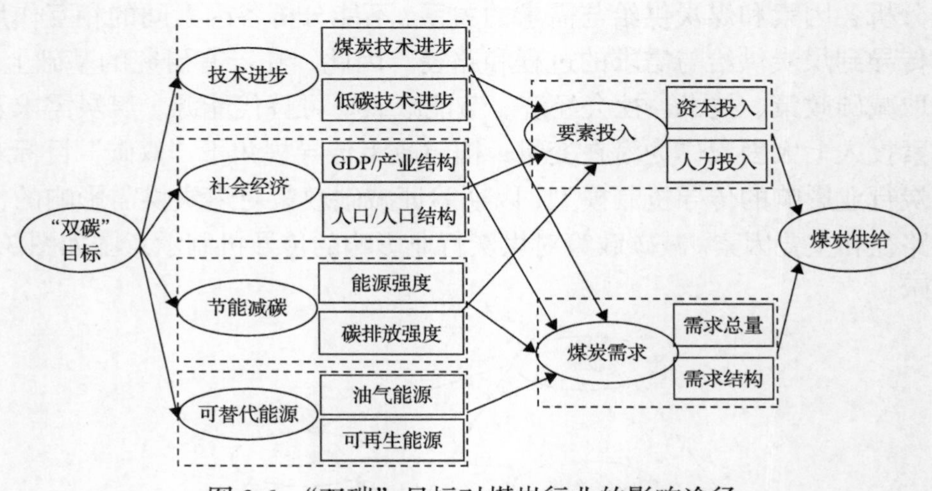

图 3.6 “双碳”目标对煤炭行业的影响途径

3.2.2 模型数据处理方法

由表 3.1 可知，不同观察指标量纲之间存在较大差距，单位有亿元、亿 t、万人等，同时观察指标数据间具有类似的时间变化趋势，存在多重非线性关系，不能直接进行数据分析，因此在进行结构方程模型模拟前需要对观察指标数据进行无量纲化处理[80]。

数据标准化处理对于正向指标直接标准化处理即可，对于逆向指标则需要通过取其倒数使其正向化，进而再标准化处理[81]。常用的数据无量纲化方法有向量规范法、对数变换法、极差变换法、区间数变换法等。

表 3.1　煤炭行业影响因素及其测量指标定义

二阶潜在变量定义	二阶潜在变量名称	一阶潜在变量定义	一阶潜在变量名称	测量指标定义	计量单位	测量指标名称
减碳政策	JTZC	—	—	技术	—	A1
				社会经济	—	A2
				节能减碳	—	A3
				人口	—	A4
				可替代能源	—	A5
技术	JS	—	—	发电煤耗	kgce/(kW·h)	B1
				吨钢煤耗	kgce/t	B2
				吨水泥煤耗	tce/t	B3
				吨乙烯煤耗	tce/t	B4
社会经济	SHJJ	—	—	GDP	亿元	C1
				城镇人口占比	—	C2
节能减碳	JNJT	—	—	煤炭开发碳排放强度	$kgCO_2$/t 原煤	D1
				能源强度	t/万美元	D2
				单位 GDP 碳排放强度	tCO_2/万美元	D3
				SO_2 排放量	万 t	D4
可替代能源	KTDNY	石油供应量	SYGYL	石油产量	亿 t	F1
				石油进口量	亿 t	F2
		天然气供应量	TRQGYL	天然气产量	亿 m^3	F3
				天然气进口量	亿 m^3	F4
		—	—	可再生能源供应量	亿 tce	F5
要素投入	YSTR	—	—	煤炭资源量	亿 t	G1
				煤炭采选业从业人数	万人	G2
				原煤生产综合能耗	kgce/t	G3

续表

二阶潜在变量定义	二阶潜在变量名称	一阶潜在变量定义	一阶潜在变量名称	测量指标定义	计量单位	测量指标名称
煤炭需求	MTXQ	—	—	电力煤炭消费量	亿 t	H1
				钢铁煤炭消费量	亿 t	H2
				建材煤炭消费量	亿 t	H3
				化工煤炭消费量	亿 t	H4
煤炭供给	MTGJ	—	—	煤炭产量	亿 t	I1
				煤炭进口量	亿 t	I2

1. 向量规范法

向量规范法将指标值变为(0, 1)，因其计算方法简单，操作方便，是经过检验最常使用的方法，对于效益型与成本型数据的变换公式为

$$x'_{ij} = \frac{x_{ij}}{\sqrt{\sum_{i=1}^{n} {x_{ij}}^2}}$$

$$x'_{ij} = \frac{\frac{1}{x_{ij}}}{\sqrt{\sum_{i=1}^{n}\left(\frac{1}{x_{ij}}\right)^2}} \tag{3.1}$$

为了方便起见，归一化后的数据 x'_{ij} 仍记作 x_{ij}。

2. 对数变换法

$$x'_{ij} = \lg x_{ij} \text{ 或 } x'_{ij} = \ln x_{ij} \tag{3.2}$$

为了方便起见，对数化后的数据 x'_{ij} 仍记作 x_{ij}。

3. 极差变换法

将最好的指标值变为 1，最差的指标值变为 0，对于效益型与成本

型数据的变换公式为

$$x'_{ij}=\frac{x_{ij}-\min\limits_{i}x_{ij}}{\max\limits_{i}x_{ij}-\min\limits_{i}x_{ij}}$$
$$x'_{ij}=\frac{\max\limits_{i}x_{ij}-x_{ij}}{\max\limits_{i}x_{ij}-\min\limits_{i}x_{ij}} \tag{3.3}$$

极差变换后的数值越接近 1，指标值越好；越接近 0，指标值越差。

4. 区间数变换法

设原数据为 $x_{ij}=\left[\underline{x}_{ij},\overline{x}_{ij}\right]$，变换后数据为 $x'_{ij}=\left[\underline{x}'_{ij},\overline{x}'_{ij}\right]$，可以将区间指标值标准化方法分为以下两类。

当 $j\in$ 效益型时：

$$\begin{cases}\underline{x}'_{ij}=\dfrac{\underline{x}_{ij}}{\sqrt{\sum\limits_{i=1}^{n}\left(\overline{x}_{ij}\right)^{2}}}\\ \overline{x}'_{ij}=\dfrac{\overline{x}_{ij}}{\sqrt{\sum\limits_{i=1}^{n}\left(\underline{x}_{ij}\right)^{2}}}\end{cases} \tag{3.4}$$

当 $j\in$ 成本型时：

$$\begin{cases}\underline{x}'_{ij}=\dfrac{1}{\overline{x}_{ij}\times\sqrt{\sum\limits_{i=1}^{n}\left(\dfrac{1}{\underline{x}_{ij}}\right)^{2}}}\\ \overline{x}'_{ij}=\dfrac{1}{\underline{x}_{ij}\times\sqrt{\sum\limits_{i=1}^{n}\left(\dfrac{1}{\overline{x}_{ij}}\right)^{2}}}\end{cases} \tag{3.5}$$

对四种标准化方法的影响程度进行对比分析，向量规范法在四种方法中占有很大优势，另外相比极差变换法，向量规范法不会改变数据的分布情况。

通过不同方法尝试，最终确定数据预处理的基本步骤如下：①对全部数据进行依据式(3.2)取对数处理，消除时间序列数据的异方差，提高时间序列数据的稳定性；②取对数处理后的数据，依据式(3.3)进行正向化和逆向化处理，以实现无量纲化。本节模型所应用的数据即在原数据文件的基础上完成以上两步预处理工作后的数据文件。

3.2.3　模型指标选择及参数取值

模型指标减碳政策因素选取政策强度作为观察指标。技术因素选取度电煤耗、吨钢煤耗、吨水泥煤耗及吨乙烯煤耗作为电力、钢铁、建材及化工行业技术进步水平的观察指标，上述指标可反映行业煤炭消费需求，并对煤炭需求量具有重要的影响。社会经济因素选取 GDP 和城镇人口占比作为观察指标。节能减碳因素选取煤炭开发碳排放强度、单位 GDP 碳排放强度、能源强度及 SO_2 排放量作为观察指标。可替代能源因素选取石油供应量、天然气供应量及可再生能源供应量作为观察指标，其中石油供应量选取石油产量和进口量作为观察指标，天然气供应量选取天然气产量和进口量作为观察指标。要素投入因素选取煤炭资源量、煤炭采选业从业人数及原煤生产综合能耗作为观察指标。煤炭需求因素选取电力、钢铁、建材及化工煤炭消费量作为观察指标。煤炭供给因素选取煤炭产量和进口量作为观察指标。针对不同潜在变量分别筛选确定相应的观测指标进行测度，如图 3.7 所示。

综上，所建立的结构方程模型，选择减碳政策、技术、社会经济、节能减碳、可替代能源、要素投入、煤炭需求、煤炭供给 8 项二阶潜在变量和石油供应量、天然气供应量两项一阶潜在变量，来研究减碳政策对煤炭供需以及不同潜在变量之间的相互关系。构建的结构方程模型的指标体系见表 3.1，其中减碳政策为外源潜在变量，技术、社会经济、节能减碳、可替代能源、要素投入、煤炭需求及煤炭供给均为内生潜在变量。

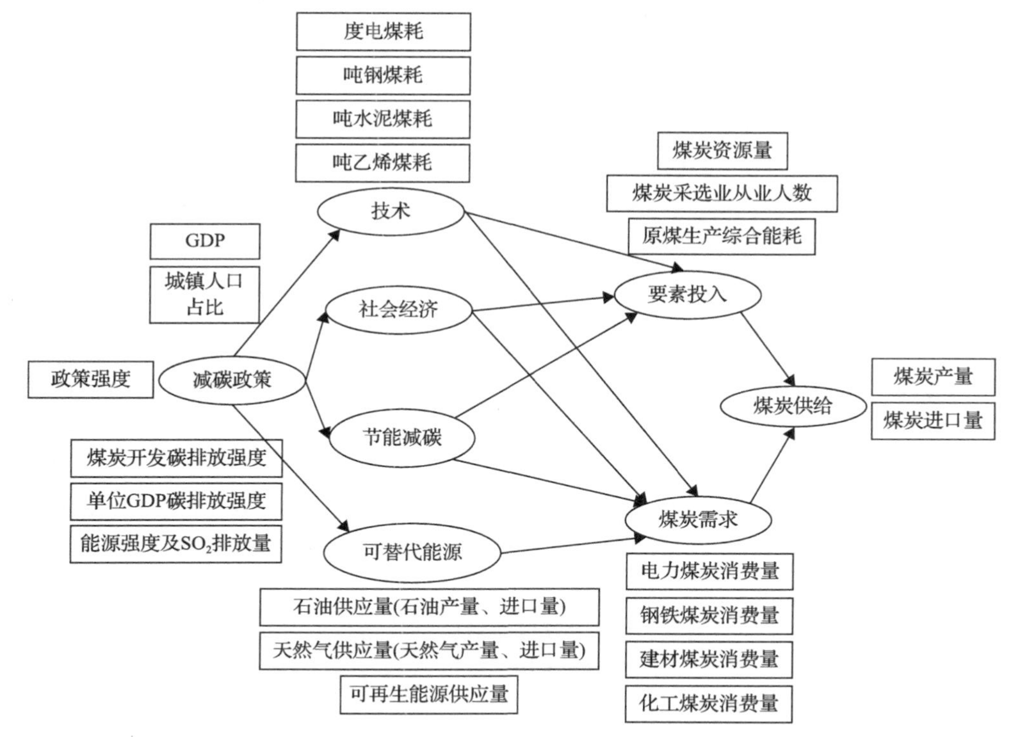

图 3.7 减碳政策对煤炭行业传导机制结构方程模型框架

收集了 2005～2020 年相关观察指标的数据信息，见表 3.1。采用政策文本分析法确定技术因素、社会经济因素、节能减碳因素、人口因素及可替代能源因素的政策强度，详见 1.4.2 节。技术、社会经济、可替代能源、要素投入、煤炭供给等对应的观察指标主要通过《中国能源统计年鉴》《中国统计年鉴》《煤炭工业发展年度报告》《中国矿产资源报告》等统计整理。煤炭开发碳排放强度、能源强度、单位 GDP 碳排放强度、原煤生产综合能耗等观察指标则主要通过进一步计算得到。煤炭分行业电力、钢铁、建材及化工煤炭消费量数据来源于中国煤炭市场网(https://www.cctd.com.cn/)。

3.2.4 模型计算工具

综合构建结构方程模型的样本数、潜在变量和观测变化的多重线性关系等因素，选择 SmartPLS 软件进行数值分析和计算，见表 3.2。

表 3.2　不同结构方程模型计算工具优缺点

计算工具类型	工具描述	工具适配性
JASP	免费、开源、兼容并蓄，可以在电子表格数据上轻松地单击、拖放菜单对话框来完成统计分析。它包含经典统计分析方法，如描述统计、*t* 检验、方差分析、因子分析等	具有结构方程菜单模块，可进行结构方程模拟，但在搭建 CFA 模型时，构建潜在变量和观测变量关系时，提示非正定矩阵，无法进行后续操作
AMOS	可轻松地以交互式方式构建结构方程模型，非常简单易用。但缺点也非常明显，除了结构方程模型，其他方面的数据分析能力稍弱	搭建模型运算，提示非正定矩阵，调整样本数据，变换数据正态化处理方法(对数转换、指数变换、平方根变换等)，勾选允许非正定样本协方差矩阵后，均无法运算
Mpuls	Mplus 是一款统计建模程序，提供了一个灵活的分析数据的工具	模型观察变量数据存在非正定矩阵，无法进行运算及后续分析
SmartPLS	SmartPLS 软件是目前管理学、市场营销、组织行为学、信息系统等领域应用广泛的软件，其原理是采用偏最小二乘法(partial least-square method，PLS)进行统计分析	数据样本不足，或者模型包含形成性测量指标，或者数据不满足正态分布，或者模型中潜在变量多，模型复杂时，选用 SmartPLS 可解决

在计算工具选择时综合考虑 JASP、AMOS 及 Mplus 等常用结构方程模型，限于模型样本数量不足和测量指标间多重线性关系严重等问题，导致运算过程中出现非正定矩阵，通过大量的对比尝试，如勾选允许非正定样本协方差矩阵、对初始观察指标数据变换处理，用 SPSS 对数据进行样本增广处理，利用 SPSS 中的 Bootstrap 功能等均未能解决矩阵非正定的问题。使用 AMOS、Mplus 等基于协方差矩阵的结构方程模型分析时，易出现如下问题：①非正定矩阵，系数大于 1 或为 0，模型无法识别；②观测指标样本数过于庞大或样本量太小等导致模型无法正常运行；③观测指标变量共线性严重，造成模型结果不可接受、参数估计严重偏差等；④测量数据严重非正态分布导致参数估计存在问题；⑤对形成性测量模型潜在变量分数处理功能不足等。SmartPLS 兼容性强，可解决上述问题，特别针对非正态分布数据、小样本数据形成的测量模型，单一测量指标的处理具有独特优势。

3.3 研究假设与模型检验

3.3.1 研究假设

煤炭供给的影响因素较多，已在第 2 章详细阐述，本节重点从政策传导的视角来研究减碳政策对煤炭供需影响的传导路径与主要因素，即政府制定实施的减碳政策如何通过对技术、社会经济、节能减碳、可替代能源等因素产生影响，进而对煤炭行业要素投入和煤炭需求进行影响，最终作用到煤炭供给。基于对我国煤炭供需影响因素的理论分析，对以上各个变量之间的影响关系提出如下假设。

H1：减碳政策对技术具有显著正向影响。

H2：减碳政策对社会经济有显著正向影响。

H3：减碳政策对节能减碳有显著正向影响。

H4：减碳政策对可替代能源有显著正向影响。

H5：技术对要素投入有显著正向影响。

H6：技术对煤炭需求有显著负向影响。

H7：社会经济对要素投入有显著正向影响。

H8：社会经济对煤炭需求有显著正向影响。

H9：节能减碳对要素投入有显著负向影响。

H10：节能减碳对煤炭需求有显著负向影响。

H11：可替代能源对煤炭需求有显著正向影响。

H12：要素投入对煤炭供给有显著正向影响。

H13：煤炭需求对煤炭供给有显著正向影响。

H14：减碳政策对要素投入有显著正向影响。

H15：减碳政策对煤炭需求有显著正向影响。

H16：减碳政策对煤炭供给有显著正向影响。

H17：技术对煤炭供给有显著负向影响。

H18：社会经济对煤炭供给有显著正向影响。

H19：节能减碳对煤炭供给有显著负向影响。

H20：可替代能源对煤炭供给有显著正向影响。

3.3.2 信度检验

信度检验是指使用同样的方法对同一对象进行重复测量时所获得的测量结果的一致性、稳定性及可靠性程度[82]。在对模型样本数据进行分析前，要先考虑所获得的数据是否可靠，只有信度被接受时，模型的数据分析结果才是可信的。为了避免由于误差导致的信度被低估问题，本节基于同属模型、检验结果更为准确的组合信度（composite reliability，CR）指标来测度模型样本的信度。当 CR＞0.7 时，表示模型样本数据组合信度良好[83]。

利用 SmartPLS 软件对模型数据的信度进行计算检验，模型计算结果见表 3.3。

表 3.3 具有反映型测量指标的潜在变量组合信度

潜在变量定义	潜在变量名称	组合信度
减碳政策	JTZC	0.923
社会经济	SHJJ	0.999
节能减碳	JNJT	0.989
可替代能源	KTDNY	1.000
石油供应量	SYGYL	0.945
天然气供应量	TRQGYL	0.976
要素投入	YSTR	0.989
煤炭供给	MTGJ	0.923

由表 3.3 可知，模型中所有具有反映型测量指标的潜在变量均满足 CR＞0.7 的要求，即模型具有初步的信度，可以用于进一步的研究分析[84]。

3.3.3 效度检验

效度检验是指通过测量工具或手段所获得的实际测量数据所反映

出的变量关系同自身所假设的变量关系的一致性程度。在效度分析中，通常通过聚合效度指标和区分效度指标来反映所需评价的结构效度[85]。

1. 聚合效度

聚合效度是指同一潜在变量的不同测量指标之间的一致性程度[86]，可以通过每一个因子平均提取的方差百分比，即平均抽取变异量（average variance extracted，AVE）指标来评价模型的聚合效度。平均抽取变异量取值越大，说明潜在变量的测量指标与其相对应的潜在变量之间的耦合性越强。当 AVE＞0.5 时，就称该模型具有聚合效度[87]。模型计算得出具有反映型测量指标的潜在变量的平均抽取变异量，见表 3.4。

表 3.4 具有反映型测量指标的潜在变量的平均抽取变异量

潜在变量定义	潜在变量名称	平均抽取变异量
减碳政策	JTZC	0.717
社会经济	SHJJ	0.997
节能减碳	JNJT	0.958
可替代能源	KTDNY	1.000
石油供应量	SYGYL	0.851
天然气供应量	TRQGYL	0.910
要素投入	YSTR	0.979
煤炭供给	MTGJ	0.717

由表 3.4 可知，模型中所有具有反映型测量指标的潜在变量的 AVE＞0.5，即模型具有聚合效度。

2. 区分效度

区分效度是指不同潜在变量的不同测量指标之间的差异性程度[88]，可以通过 Fornell 矩阵来评价模型的区分效度。Fornell 矩阵，是指由平均抽取变异量的平方根（矩阵对角线）和各潜在变量间的相关系数所构成的矩阵。在 Fornell 矩阵中，若处于对角线的数据（平均抽取变异量的平方根)大于该列其他的所有数据(潜在变量间的相关系数),则表明该潜在变量与其他潜在变量之间具有差异性,也就是说该潜在变量具有良好的区分效度;反之,则表明该潜在变量与其他潜在变量之间不存在明显的差异性,也就是说该潜在变量不具备区分效度[89]。

利用 SmartPLS 软件计算检验模型的 Fornell 矩阵,模型计算结果见表 3.5。

表 3.5 具有反映型测量指标的 Fornell 矩阵

	JNJT	JS	KTDNY	MTGJ	MTXQ	SHJJ	YSTR	JTZC
JNJT	0.979							
JS	0.960	0.996						
KTDNY	0.975	0.986	1.000					
MTGJ	0.769	0.908	0.862	0.989				
MTXQ	0.840	0.953	0.912	0.984	0.954			
SHJJ	0.978	0.996	0.992	0.880	0.932	0.999		
YSTR	–0.965	–0.936	–0.926	–0.740	–0.811	–0.944	0.923	
JTZC	0.936	0.976	0.976	0.903	0.947	0.976	–0.878	0.847

由表 3.5 可知,所有具有反映型测量指标的潜在变量均满足其平均抽取变异量的平方根大于该潜在变量与其他潜在变量间的相关系数,即模型具有区分效度。

综上可知,所有具有平均抽取变异量的潜在变量均满足平均抽取变异量大于 0.5 的要求,且观察上述 Fornell 矩阵可知,相关潜在变量满足其平均抽取变异量的平方大于该潜在变量与其他潜在变量间相关系数的平方,即该模型同时通过聚合效度检验和区别效度检验,模型具有初步的效度。

3.3.4 拟合优度检验

结构方程模型潜在变量的值实质上是由权重所确定的,模型拟合效果的评价可采用回归模型相同的方法[90]。因此,在对模型进行评估时,可以通过拟合优度(R^2)指标来评价模型的拟合程度。R^2统计量的值介于 0～1，其值越接近 1，说明模型的拟合效果越好，反之，则说明模型的拟合效果越差，通常要求内生潜在变量满足 $R^2>0.7$ 的要求，即模型的拟合效果较好，可用于研究分析[91]。利用 SmartPLS 软件计算检验模型的拟合优度（R^2），结果见表 3.6。由表 3.6 可知，模型中所有内生潜在变量的 $R^2>0.9$，即模型所选取的指标是合理的，模型的拟合效果较好。

表 3.6 内生潜在变量的拟合优度

潜在变量定义	潜在变量名称	R^2	调整后 R^2
技术	JS	0.981	0.980
社会经济	SHJJ	0.951	0.947
节能减碳	JNJT	0.928	0.923
可替代能源	KTDNY	0.982	0.981
要素投入	YSTR	0.974	0.962
煤炭供给	MTGJ	0.978	0.975
煤炭需求	MTXQ	0.971	0.958

综上，通过对模型的信度、效度及拟合优度进行检验可知，所构建的减碳政策对煤炭行业影响传导机制模型具有信度和效度，且模型拟合效果较好，从统计上来说是可以接受的，可以用于进一步的研究，得出的相关结论具有可靠性。

3.4 模型实证结果与分析

3.4.1 模型实证结果

结构方程模型通过路径系数、载荷系数，可以很好地揭示潜在变量之间、潜在变量与可观测变量之间、可观测变量之间的结构关系。通常将原因变量（内生潜在变量或外源潜在变量）到结果变量的直接影响称为直接效应，可用路径系数来衡量。利用 SmartPLS 软件模拟得出模型运行结果，如图 3.8 所示。

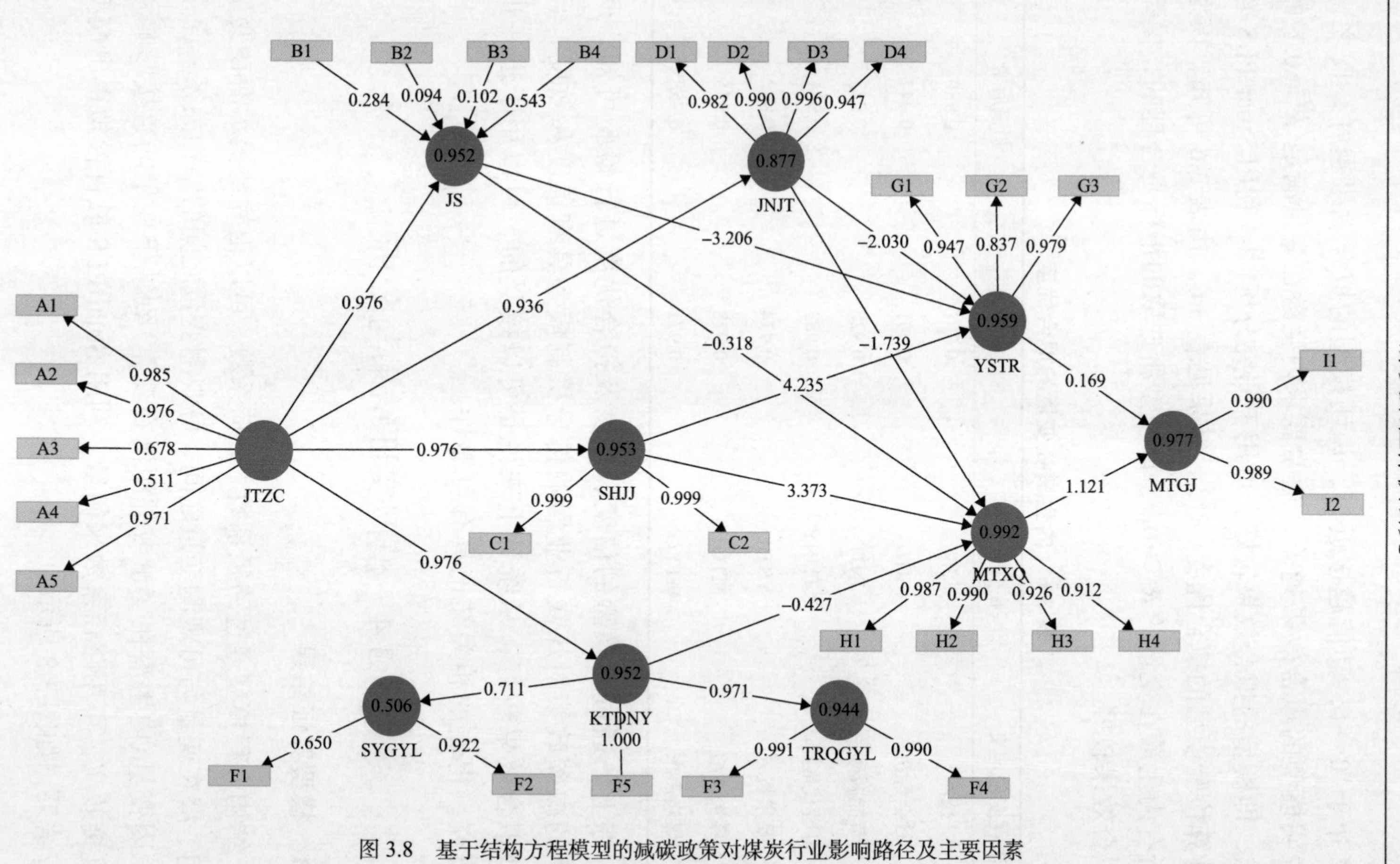

图 3.8 基于结构方程模型的减碳政策对煤炭行业影响路径及主要因素

3.4.2 实证结果分析

通过运用 Bootstrap 法，增设辅助变量(解决了分析不完整的问题)，同时应用 SmartPLS 软件，自动计算输出各个潜在变量间的路径系数和中介效应的估计值、相应的标准误、t 值和 p 值，以此来判断各个潜在变量之间的关系是否显著($p<0.05$，显著)。Bootstrap 法最早是由 Efron 提出的。它本质上是一种重复抽样的方法，即将原始样本当作抽样总体，通过有放回的重复随机抽样，从中抽取大量的 Bootstrap 样本，同时通过运算而获得所需统计量的过程[92]。

1. 直接效应分析

依据模型运行结果及可靠性结果，不同路径的直接效应及显著性见表 3.7 和图 3.9。

表 3.7 不同路径的直接效应及显著性

假设	潜在变量间关系	直接效应	t	p	是否显著
H1	JTZC→JS	0.976	139.334	0.000	是
H2	JTZC→SHJJ	0.976	167.480	0.000	是
H3	JTZC→JNJT	0.936	52.982	0.000	是
H4	JTZC→KTDNY	0.976	140.146	0.000	是
H5	JS→YSTR	–3.206	2.549	0.011	是
H6	JS→MTXQ	–0.318	0.539	0.590	否
H7	SHJJ→YSTR	4.235	2.573	0.010	是
H8	SHJJ→MTXQ	3.373	3.774	0.000	是
H9	JNJT→YSTR	–2.030	3.687	0.000	是
H10	JNJT→MTXQ	–1.739	4.060	0.000	是
H11	KTDNY→MTXQ	–0.427	1.130	0.259	否
H12	YSTR→MTGJ	0.169	1.696	0.090	否
H13	MTXQ→MTGJ	1.121	14.178	0.000	是

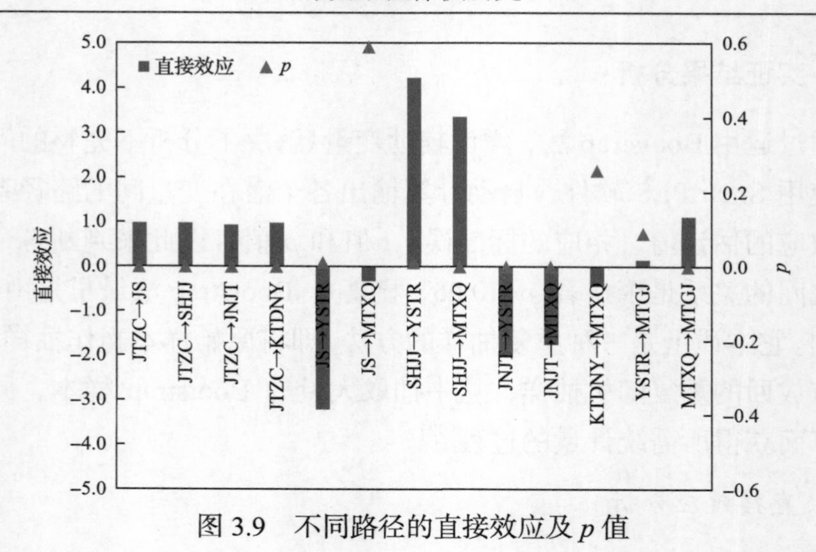

图 3.9 不同路径的直接效应及 p 值

由表 3.7 和图 3.9 可知不同路径的直接效应及显著性，可得出以下结论。

(1) 减碳政策对技术、社会经济、节能减碳及可替代能源的直接效应分别为 0.976、0.976、0.936、0.976，说明减碳政策对技术、社会经济、节能减碳和可替代能源均具有显著的正向影响，即假设 H1～H4 都成立。此外，减碳政策对技术、社会经济及可替代能源的作用相对于节能减碳更为明显。

(2) 技术和节能减碳对要素投入的直接效应分别为–3.206 和–2.030，具有显著的负向影响，其中技术对要素投入的负向影响最大，即假设 H5 和 H9 都成立；而社会经济对要素投入的直接效应为 4.235，具有显著的正向影响，即假设 H7 也是成立的。社会经济对要素投入的影响既包含固定资产的投入，也包含煤炭采选业从业人数，因此相对于技术和节能减碳来说，社会经济对要素投入的直接效应更大。

(3) 技术和可替代能源均对煤炭需求没有显著影响，即假设 H6、H11 均不成立。技术和可替代能源对煤炭需求的影响虽然不显著，但均为负向影响，可能的解释为技术越强，生产效率越高，对应的煤炭需求越少，因此技术对煤炭需求是负向影响，而之所以影响不显著是因为影响煤炭需求的因素较多，技术负向影响相对较弱。节能减碳对煤炭需求的直接效应为–1.739，具有显著的负向影响，即假设 H10 成立。节能减碳效果越好，相同条件下会减少煤炭需求，近年来我国采取了严格的节能减碳政策，加速推动能耗强度的降低，使得节能减碳对煤炭需求产生显著负向影响，进一步验证国家政策显著效果。社会经济对煤炭需求具有显著的正向影响，直接效应为 3.373，即假设 H8 也是成立的。我国以煤为主的能源结构决定了社会经济的高速发展离不开煤炭的支撑，通过模拟进一步验证了社会经济对煤炭需求产生显著正向影响。

(4)要素投入对煤炭供给的直接效应为 0.169，是正向影响，但影响不显著，即假设 H12 不成立。煤炭需求对煤炭供给的直接效应为 1.121，具有显著的正向影响，即假设 H13 成立。我国煤炭供给主要是需求拉动型，经济快速增长，推动需求攀升，带动煤炭价格上涨，激发煤炭生产企业提高供给。

2. 间接效应分析

通常将通过影响一个或多个中介变量，进而影响到结果变量的间接影响称为间接效应。当只有一个中介变量时，间接效应是两个路径系数的乘积；当有多个中介变量时，间接效应等于所有路径系数的乘积。通过间接效应分析对相应的假设进行验证，结果见表 3.8 和图 3.10。

表 3.8 不同路径的间接效应及显著性

间接效应(起点)		间接效应(终点)		间接效应	t	p	是否显著
减碳政策	JTZC	要素投入	YSTR	–0.893	36.394	0.000	是
减碳政策	JTZC	煤炭需求	MTXQ	0.939	29.079	0.000	是
减碳政策	JTZC	煤炭供给	MTGJ	0.901	15.810	0.000	是
技术	JS	煤炭供给	MTGJ	–0.898	1.114	0.265	否
社会经济	SHJJ	煤炭供给	MTGJ	4.496	3.327	0.001	是
节能减碳	JNJT	煤炭供给	MTGJ	–2.292	3.267	0.001	是
可替代能源	KTDNY	煤炭供给	MTGJ	–0.478	1.117	0.264	否

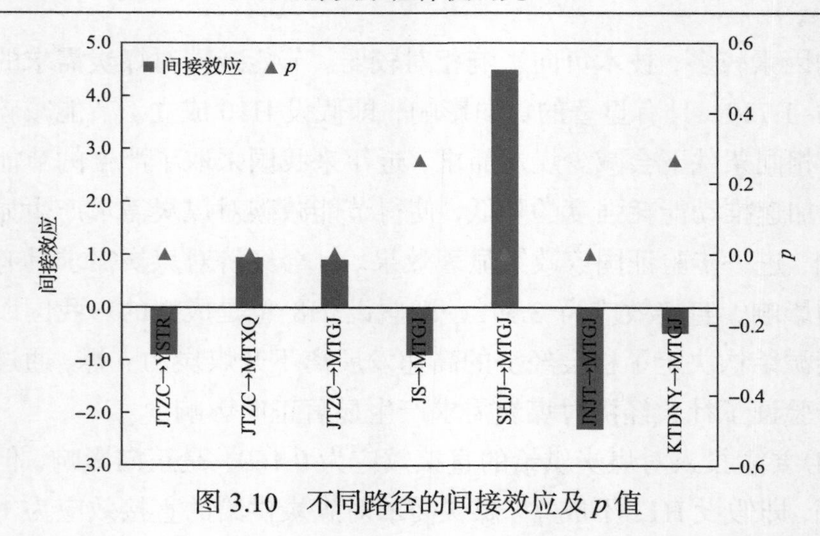

图 3.10　不同路径的间接效应及 p 值

由表 3.8 和图 3.10 通过间接效应分析对相应的假设进行验证，结果如下。

(1) 减碳政策对要素投入的间接效应为–0.893，具有显著的负向影响，即假设 H14 不成立，由此说明减碳政策通过对要素投入产生影响，实现对煤炭供给的调控；而减碳政策对煤炭需求和煤炭供给的间接效应分别为 0.939 和 0.901，均具有显著的正向影响，即假设 H15、H16 均成立。

(2) 技术和可替代能源对煤炭供给的间接效应分别为–0.898 和–0.478，均为负向影响，但影响不显著，即假设 H17、H20 均不成立。技术或可替代能源越强，煤炭需求均减弱，则煤炭供给需求越弱，因此技术和可替代能源对煤炭供给呈现不显著的负向影响。可替代能源对煤炭供给不显著负向影响的可能原因是，虽然以可再生能源为代表的新能源得到快速发展，但其在能源消费结构中占比还较小。“双碳”目标下，随着新能源的快速发展，可替代能源在能源消费结构中的占比快速提升，对煤炭供给的影响将会变为显著的负向影响。

(3) 社会经济对煤炭供给的间接效应为 4.496，具有显著的正向影响，即假设 H18 成立；节能减碳因素对煤炭供给的间接效应为–2.292，有显著的负向影响，即假设 H19 成立。社会经济通过调控资本、人力等要素投入，实现对煤炭供给产生显著正向影响；而节能减碳主要通过调控煤炭生产技术的能耗要求实现对煤炭供给的影响，节能减碳越强，越限制高能耗煤炭生产技术的使用，进而对煤炭供给产生影响。

3. 特定的间接效应分析

通过特定的间接效应分析对各个路径的内在作用机理进行进一步的剖析研究，从而明确多变量路径的影响因素作用效果，结果见表 3.9 和图 3.11。

表 3.9 不同路径的特定的间接效应及显著性

特定的间接效应路径		间接效应	t	p	是否显著
减碳政策→技术→要素投入	JTZC→JS→YSTR	–3.127	2.542	0.011	是
减碳政策→社会经济→要素投入	JTZC→SHJJ→YSTR	4.134	2.566	0.010	是
减碳政策→节能减碳→要素投入	JTZC→JNJT→YSTR	–1.901	3.671	0.000	是
减碳政策→技术→要素投入→煤炭供给	JTZC→JS→YSTR→MTGJ	–0.529	1.694	0.090	否
减碳政策→社会经济→要素投入→煤炭供给	JTZC→SHJJ→YSTR→MTGJ	0.699	1.713	0.087	否
减碳政策→节能减碳→要素投入→煤炭供给	JTZC→JNJT→YSTR→MTGJ	–0.321	1.841	0.066	否
减碳政策→技术→煤炭需求	JTZC→JS→MTXQ	–0.310	0.536	0.592	否
减碳政策→社会经济→煤炭需求	JTZC→SHJJ→MTXQ	3.293	3.750	0.000	是
减碳政策→节能减碳→煤炭需求	JTZC→JNJT→MTXQ	–1.628	3.926	0.000	是
减碳政策→可替代能源→煤炭需求	JTZC→KTDNY→MTXQ	–0.416	1.123	0.261	否
减碳政策→技术→煤炭需求→煤炭供给	JTZC→JS→MTXQ→MTGJ	–0.347	0.522	0.601	否

续表

特定的间接效应路径		间接效应	t	p	是否显著
减碳政策→社会经济→煤炭需求→煤炭供给	JTZC→SHJJ→MTXQ→MTGJ	3.691	3.394	0.001	是
减碳政策→节能减碳→煤炭需求→煤炭供给	JTZC→JNJT→MTXQ→MTGJ	–1.825	3.333	0.001	是
减碳政策→可替代能源→煤炭需求→煤炭供给	JTZC→KTDNY→MTXQ→MTGJ	–0.467	1.110	0.267	否
技术→煤炭需求→煤炭供给	JS→MTXQ→MTGJ	–0.356	0.525	0.600	否
技术→要素投入→煤炭供给	JS→YSTR→MTGJ	–0.542	1.697	0.090	否
社会经济→煤炭需求→煤炭供给	SHJJ→MTXQ→MTGJ	3.780	3.419	0.001	是
社会经济→要素投入→煤炭供给	SHJJ→YSTR→MTGJ	0.716	1.724	0.085	否
节能减碳→煤炭需求→煤炭供给	JNJT→MTXQ→MTGJ	–1.949	3.456	0.001	是
节能减碳→要素投入→煤炭供给	JNJT→YSTR→MTGJ	–0.343	1.886	0.059	否
可替代能源→煤炭需求→煤炭供给	KTDNY→MTXQ→MTGJ	–0.478	1.117	0.264	否

由表 3.9 和图 3.11 不同路径的影响因素作用效果，可得如下结论。

(1)减碳政策分别通过技术和节能减碳对要素投入产生了显著的负向影响，对应间接效应分别为–3.127 和–1.901，进一步对煤炭供给保持了负向影响，对应的间接效应分别为–0.529 和–0.321，但影响并不显著。减碳政策通过社会经济对要素投入产生了显著的正向影响，对应的间接效应为 4.134，进一步对煤炭供给同样保持了正向影响，对应的间接效应为 0.699，但影响不显著。减碳政策通过技术、社会经济、节能减碳传导到要素投入，但是对煤炭供给影响不显著，原因可能是各种因素的正负影响效应的叠加造成的。

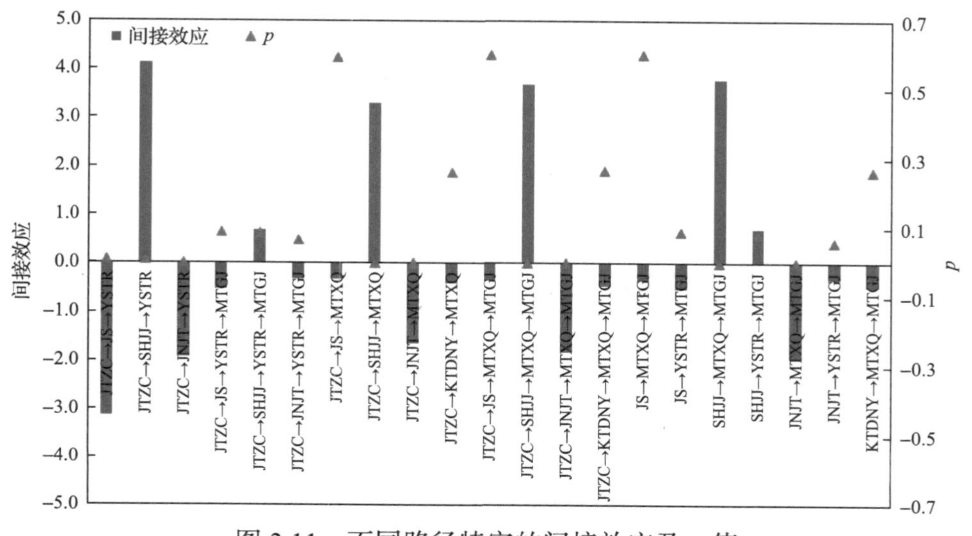

图 3.11　不同路径特定的间接效应及 p 值

(2)减碳政策通过节能减碳对煤炭需求产生了显著的负向影响，对应的间接效应为–1.628，同时进一步对煤炭供给也产生了显著的负向影响，对应的间接效应为–1.825；减碳政策通过社会经济对煤炭需求产生了显著的正向影响，对应的间接效应为 3.293，同时进一步对煤炭供给产生了显著的正向影响，对应的间接效应为 3.691。

(3)减碳政策通过技术、可替代能源对煤炭需求的间接效应分别为–0.310 和–0.416，影响并不显著，进一步对煤炭供给的间接效应分别为–0.347 和–0.467，影响也不显著，但均保持负向影响。

(4)社会经济和节能减碳通过煤炭需求进一步分别对煤炭供给产生显著的正向影响和负向影响，对应的间接效应分别为 3.780 和–1.949。而技术通过煤炭需求、要素投入对煤炭供给的间接效应分别为–0.356 和–0.542，影响不显著；可替代能源通过煤炭需求对煤炭供给的间接效应为–0.478，影响不显著。社会经济和节能减碳通过要素投入对煤炭供给的间接效应分别为 0.716 和–0.343，影响不显著。从国内石油、天然气资源的供应能力和国际市场的获取能力以及其他能源的开发技术与潜力分析可知，化石能源对煤炭可替代性有限，“双碳”目标下新能源对煤炭的可替代性逐渐增强。

3.4.3 实证分析结论

结合上述各项假设检验结果(直接效应、间接效应、特定的间接效应)分析，可得如下结论。

1. “双碳”目标对煤炭行业影响的传导是多路径的

减碳政策对技术、社会经济、节能减碳和可替代能源均具有显著的正向影响，并且减碳政策对技术、社会经济及可替代能源的作用相对于节能减排更为明显。减碳政策对煤炭供给的影响路径可以得出，减碳政策的出台和实施通过加速煤炭利用技术进步、社会经济增长、可替代能源发展和节能减碳效果提升等途径影响我国煤炭行业的要素投入以及煤炭需求，最终对我国的煤炭供给产生明显的影响。

2. 影响煤炭需求是“双碳”目标影响煤炭行业的主要传导路径，煤炭需求是最关键的中介变量

经煤炭需求传导到煤炭供给的直接效应为 1.121，大大高于经要素投入传导到煤炭供给的直接效应 0.169。从具体路径上来看，减碳政策通过节能减碳对煤炭需求产生了显著的负向影响，同时进一步对煤炭供给也产生了显著的负向影响；减碳政策通过社会经济对煤炭需求产生了显著的正向影响，进一步对煤炭供给产生了显著的正向影响。减碳政策分别通过技术和节能减排等对要素投入产生了显著的负向影响，进一步对煤炭供给保持了负向影响，但影响并不显著。减碳政策通过社会经济对要素投入产生了显著的正向影响，进一步对煤炭供给同样保持了正向影响，但影响不显著。可见，中介变量——煤炭需求是判断“双碳”目标对煤炭行业是否产生实质性影响的最关键指标，也是判断“双碳”目标对煤炭行业的动态影响的最显著指标。

3. 技术和可替代能源是“双碳”目标影响煤炭行业的重要潜在因素

技术通过煤炭需求传导到煤炭供给的间接效应为–0.356，技术通过

要素投入传导到煤炭供给的间接效应为–0.542，有负向影响，但影响不显著，主要原因是技术进步是一个逐步推进的过程，相较于其他因素反应较为滞后。可替代能源通过煤炭需求传导到煤炭供给的间接效应为–0.478，有负向影响，影响也不显著，主要原因是可替代能源基数较小，对煤炭需求的替代作用还不明显。然而，随着技术发展和替代能源规模逐步增加，技术和可替代能源未来有望成为影响煤炭需求的重要潜在因素。

综上所述，“双碳”目标对煤炭行业的影响是一个多路径传导的过程，不仅受减碳政策强度影响，还受传导过程的影响，“双碳”目标对煤炭行业影响不是一步到位的。判断“双碳”目标对煤炭行业的实质影响和动态影响，关键看中介变量——煤炭需求是否发生改变。

3.5 本章小结

(1) 分析“双碳”目标对煤炭行业影响的主要方式，基于“双碳”目标转化为具体的减碳政策措施，选择结构方程模型作为对多个因变量建模和检验特定假设的方法，选取了减碳政策、社会经济、节能减碳、可替代能源、煤炭需求及要素投入六大因素作为潜在变量，构建了政策传导视角下“双碳”目标对煤炭行业影响的传导机制模型。

(2) 选择 2005～2020 年面板数据，应用 SmartPLS 软件，完成传导机制模型的信度、效度、拟合优度检验，验证了传导机制模型的可靠性；对潜在变量间相互影响关系的 20 项假设进行显著性分析，估计了各个潜在变量间的路径系数和中介效应，量化识别出“双碳”目标影响煤炭行业的主要路径。

(3) 实证分析结果显示：“双碳”目标对煤炭行业影响的传导是多路径的，减碳政策对技术、社会经济、节能减碳和可替代能源均具有显著的正向影响，进而传导到煤炭供给上；经煤炭需求传导到煤炭供给的直接效应为 1.121，大大高于经要素投入传导到煤炭供给的直接效应

0.169，影响煤炭需求是“双碳”目标影响煤炭行业的主要传导路径，煤炭需求是判断“双碳”目标对煤炭行业实质性影响和动态影响的最关键中介变量；当前技术和可替代能源对煤炭供给的影响不显著，但未来有望成为影响煤炭行业的重要潜在因素。

第 4 章 “双碳”目标下煤炭产量需求及波动幅度

以第 3 章揭示的“双碳”目标对煤炭行业影响的主要路径为基础，本章研究“双碳”目标转化为政策措施强度对煤炭产量需求及波动的影响。分析“双碳”目标对煤炭产量需求及波动的影响机理，建立煤炭产量需求及波动幅度计算方法；运用系统动力学理论，以识别得出的传导路径为主体，建立“双碳”目标下煤炭产量需求及波动预测系统动力学模型；以 2005～2020 年面板数据为基础，应用 Vensim PLE 软件，检验反馈机制的有效性；设置“双碳”目标转化为政策措施的不同情景，以“双碳”目标转化的政策措施为主要冲击变量，预测未来煤炭产量需求及波动幅度。

4.1 “双碳”目标对煤炭产量需求及波动的影响机理

4.1.1 煤炭的兜底保障定位

1. 煤炭具备能源兜底保障的基础和能力

煤炭具备适应我国能源需求变化的开发能力。自中华人民共和国成立以来，为满足社会经济发展需要，我国煤炭生产规模快速增长。到 2015 年，我国煤炭产能达到 57 亿 t 左右。经过 2016～2020 年的化解过剩产能，我国煤炭产能仍在 50 亿 t 左右。一旦社会经济发展需要，可在 1～2 年甚至更短时间内，大量恢复产能。煤炭开发利用具有成本比较优势。按照我国能源终端价格长期趋势，同等热值的煤炭、石油、天然气比价为 1:7:3，煤炭是最经济的能源资源，且价格主要取决于国内市场，自主可控。进入产量平台期后，我国煤炭开发将改变过去有资源就开发的无选择开发模式，向资源条件好的区域集中，煤炭开发成本有望进一步下降。

2. 国家赋予煤炭能源兜底保障使命

国家政策明确煤炭是我国能源的压舱石和稳定器，需要切实发挥煤炭的能源兜底保障作用。2020 年全国能源工作会议提出“要稳基础、优产能，切实抓好煤炭兜底保障”；国家能源局发布的《2021 年能源工作指导意见》强调“夯实煤炭‘兜底’作用，坚持‘上大压小、增优汰劣’”；《2022 年能源工作指导意见》再次强调“加强煤炭煤电兜底保障能力”。2022 年 3 月 1 日碳达峰碳中和工作领导小组全体会议，明确提出“发挥好煤炭在能源中的基础和兜底保障作用”；2022 年 3 月 22 日煤炭清洁高效利用工作专题座谈会，再次明确“切实发挥煤炭的兜底保障作用”。

3. 国内煤炭供应承担“三重”兜底保障任务

煤炭“三重”兜底包含三个层面。一是为化石能源进口兜底。2022 年 1 月印度尼西亚煤炭出口禁令，影响我国当月煤炭进口量的 60%。俄乌战争等地缘政治，影响油气供应。一旦进口受限，要求国内煤炭立即补缺。二是为可再生能源出力波动兜底。可再生能源占比逐步提高，而其出力年际波动最大超过 20%，需要电煤储备应对调峰。三是为能源消费超预期增长兜底。2021 年，我国全年货物出口总额增长 21.2%，拉动电煤增长 13.9%。可再生能源、油气已按最大能力供应，能源需求总量超预期增长只能由煤炭来补充。

4.1.2 “双碳”目标加大煤炭产量需求波动

1. “双碳”目标加大能源需求总量变化的不确定性

从第 3 章的传导机制研究可以看出，“双碳”目标转化为减碳政策，引导和约束社会经济发展，而社会经济根据自身运行对减碳政策做出反馈。由于社会经济的复杂性，对减碳政策的反馈也是复杂多变的，要求减碳政策适时灵活调整，寻求减碳政策强度与社会经济承受能力之间的动态平衡。灵活调整的政策影响社会经济发展及其对能源的需求，增加能源需求总量变化的不确定性，进而增加煤炭需求的不确定性。

2. “双碳”目标加大可再生能源调峰需求不确定性

“双碳”目标要求加快非化石能源的发展，提高风能、光伏等可再生能源在能源体系中的占比。而风能、光伏等可再生能源受气候、天气、光照等不可控的自然条件影响，呈年际、季节性、日间波动，供给能力不确定性大，提供的主要是能源量，能源供应和调节能力有限。在大规模低成本储能未获得突破的背景下，可再生能源高比例接入能源体系，要求增加与之配套的煤炭调峰能力，而调峰有很强的不确定性，进而加大煤炭需求的不确定性。

3. “双碳”目标加大化石能源进口不确定性

“双碳”目标要求中长期减少甚至退出化石能源消费，各国对化石能源投资的积极性受到影响，化石能源供给能力增长乏力，影响国际上化石能源供给规模。化石能源出口国国内需求一旦增加，将优先供应国内，减少对外出口，增加我国化石能源进口的不确定性。尤其是，跌宕起伏的中美贸易争端，展现了我国作为新兴大国与美国等守成大国之间竞争的激烈性、长期性，美国对国际油气开发和贸易有绝对话语权，我国油气能源安全面临前所未有的风险和挑战，要求增强煤炭接续油气的能力储备。

4.1.3 “双碳”目标下煤炭产量需求及波动计算方法

根据第 3 章识别出的主要路径和关键因素，可将煤炭产量需求表示为

$$C(t)=f\left(x_{11(t)},\cdots,x_{21(t)},\cdots,x_{31(t)},\cdots,x_{41(t)},\cdots,x_{51(t)},\cdots,x_{61(t)},\cdots,x_{71(t)},\cdots\right) \tag{4.1}$$

式中：$C(t)$ 为第 t 年煤炭产量需求；$x_{11(t)},\cdots$ 为第 t 年政策因素；$x_{21(t)},\cdots$ 为第 t 年社会经济因素；$x_{31(t)},\cdots$ 为第 t 年技术因素；$x_{41(t)},\cdots$ 为第 t 年

节能减碳因素；$x_{51(t)},\cdots$为第 t 年可替代能源因素；$x_{61(t)},\cdots$为第 t 年煤炭需求因素；$x_{71(t)},\cdots$为第 t 年要素投入因素。

按煤炭“三重”兜底的战略定位，煤炭产量需求波动比例可表示为

$$\lambda_{(t)} = \Delta C_{(t)} / C_{(t)} \tag{4.2}$$

式中：$\lambda_{(t)}$为第 t 年煤炭“三重”兜底的产量需求波动比例；$\Delta C_{(t)}$为第 t 年煤炭“三重”兜底的产量需求波动量；$C_{(t)}$为正常情景下第 t 年煤炭产量需求量。

煤炭产量需求波动量的计算公式为

$$\Delta C_{(t)} = \alpha \times \Delta E_{(t)} + \left(\beta \times \Delta \mathrm{CI}_{(t)} + \gamma \times \Delta \mathrm{OI}_{(t)} + \delta \times \Delta \mathrm{GI}_{(t)}\right) + \theta \times \Delta \mathrm{NF}_{(t)} \tag{4.3}$$

$$\Delta E_{(t)} = a \times E_{(t)} \tag{4.4}$$

$$\Delta \mathrm{CI}_{(t)} = b \times \mathrm{CI}_{(t)} \tag{4.5}$$

$$\Delta \mathrm{OI}_{(t)} = c \times \mathrm{OI}_{(t)} \tag{4.6}$$

$$\Delta \mathrm{GI}_{(t)} = d \times \mathrm{GI}_{(t)} \tag{4.7}$$

$$\Delta \mathrm{NF}_{(t)} = e \times \mathrm{NF}_{(t)} \tag{4.8}$$

式中：$\Delta E_{(t)}$为第 t 年能源需求波动量，通常为能源需求超预期增长；$\Delta \mathrm{CI}_{(t)}$为第 t 年煤炭进口波动量；$\Delta \mathrm{OI}_{(t)}$为第 t 年石油进口波动量；$\Delta \mathrm{GI}_{(t)}$为第 t 年天然气进口波动量；$\Delta \mathrm{NF}_{(t)}$为第 t 年非化石能源波动量；$E_{(t)}$为第 t 年能源需求量；$\mathrm{CI}_{(t)}$为第 t 年煤炭进口量；$\mathrm{OI}_{(t)}$为第 t 年石油进口量；$\mathrm{GI}_{(t)}$为第 t 年天然气进口量；$\mathrm{NF}_{(t)}$为第 t 年非化石能源量；α、β、γ、δ、θ为煤炭分别兜底能源需求超预期波动量、化石能源进口波动量（煤炭进口波动量、石油进口波动量及天然气进口波动量）及非化石能源波动量的比例系数；a、b、c、d、e分别为能源需求量、煤炭进口量、石油进口量、天然气进口量及非化石能源量的波动系数。

4.2 基于系统动力学的“双碳”目标下煤炭产量需求及波动预测模型

4.2.1 模型边界条件假设

按照煤炭产量需求及波动计算公式，运用系统动力学相关理论，建立包含煤炭供需两方以及二者之间联系的系统动力学模型，以预测不同条件下煤炭产量需求及波动幅度。由于系统动力学模型考虑的变量较多，需要依据研究目标确定模型边界。

基于研究目标，重点关注减碳政策、技术、社会经济、节能减碳、可替代能源等因素对煤炭需求和煤炭供给的影响，对煤炭产量需求及波动预测系统动力学模型做出如下假设。

(1) 以煤炭供给、煤炭需求系统为研究对象，重点分析“双碳”目标下煤炭供需系统核心变量变动趋势。同时，考虑其他能源品种对煤炭供给和需求的影响，将这部分变量以外生变量的形式体现在模型中。

(2) 基于我国发展规划每五年编制一次的现状，设定模型外生冲击呈现阶段性变动的特征。

(3) 突发事件、极端天气、地缘政治等非正常因素对煤炭供需系统的影响以能源需求量、煤炭进口量、石油进口量、天然气进口量及非化石能源量的波动系数来体现。

4.2.2 模型主要结构

为了便于计算，将煤炭产量需求及波动预测系统动力学模型划分为煤炭需求和煤炭供给两个子系统，并通过煤炭价格、库存等变量将两个子系统联系起来，构成完备的反馈回路，预测“双碳”目标下煤炭产量需求变动趋势。

煤炭需求子系统主要用于分析能效政策、可替代能源政策、煤炭清洁利用政策、技术政策等对煤炭供需系统的影响。设定煤炭消费总量、技术水平和经济发展水平等为该子系统的核心变量，按照能源消费终端将该子系统划分为 4 个部门(第一、二、三产业和生活消费)，并将第二产业煤炭消费量进一步细分为发电煤耗、炼钢煤耗、建材煤耗和化工煤耗四部分，如图 4.1 所示。

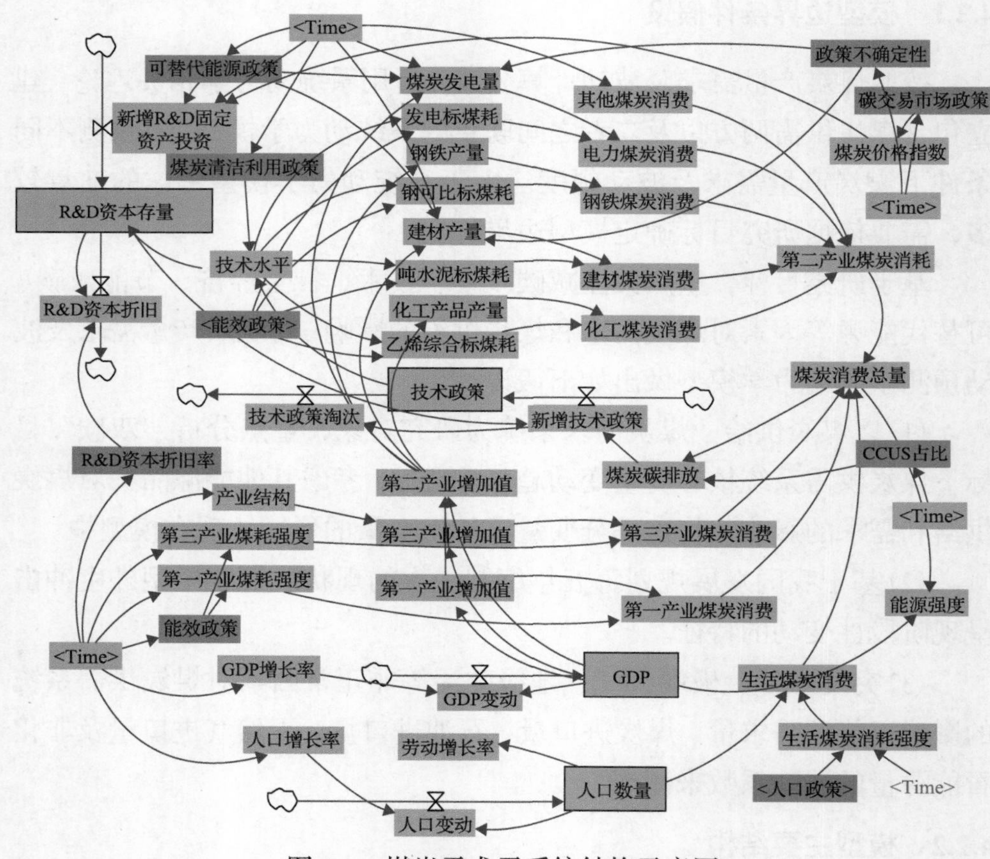

图 4.1　煤炭需求子系统结构示意图

煤炭供给子系统内部各变量之间的关系见表 4.1 中反馈回路 1～反馈回路 8，煤炭消费与技术政策、技术水平和煤炭消耗强度等变量形成闭合反馈回路。具体来说，煤炭消费总量增长导致 CO_2 排放量增加，政府相应加大减碳政策实施力度推动 CCUS 等技术创新，技术水平的提高将引起煤炭消耗强度降低，从而促进煤炭消费总量减少。在与其他子系统联系方面，煤炭消费总量的变动引起煤炭库存变化，进而引起煤炭产量和价格等变动，从而建立起两个子系统之间的联系。

表 4.1 煤炭产量需求及波动预测系统动力学模型反馈回路

编号	反馈回路
1	煤炭消费总量→煤炭碳排放→新增技术政策→技术政策→技术水平→钢可比标煤耗→钢铁煤炭消费→第二产业煤炭消耗→煤炭消费总量
2	煤炭消费总量→煤炭碳排放→新增技术政策→技术政策→技术水平→吨水泥标煤耗→建材煤炭消费→第二产业煤炭消耗→煤炭消费总量
3	煤炭消费总量→煤炭碳排放→新增技术政策→技术政策→技术水平→发电标煤耗→电力煤炭消费→第二产业煤炭消耗→煤炭消费总量
4	煤炭消费总量→煤炭碳排放→新增技术政策→技术政策→技术水平→乙烯综合标煤耗→化工煤炭消费→第二产业煤炭消耗→煤炭消费总量
5	煤炭消费总量→煤炭碳排放→新增技术政策→技术政策淘汰→技术政策→技术水平→钢可比标煤耗→钢铁煤炭消费→第二产业煤炭消耗→煤炭消费总量
6	煤炭消费总量→煤炭碳排放→新增技术政策→技术政策淘汰→技术政策→技术水平→吨水泥标煤耗→建材煤炭消费→第二产业煤炭消耗→煤炭消费总量
7	煤炭消费总量→煤炭碳排放→新增技术政策→技术政策淘汰→技术政策→技术水平→发电标煤耗→电力煤炭消费→第二产业煤炭消耗→煤炭消费总量
8	煤炭消费总量→煤炭碳排放→新增技术政策→技术政策淘汰→技术政策→技术水平→乙烯综合标煤耗→化工煤炭消费→第二产业煤炭消耗→煤炭消费总量
9	煤炭产量需求→煤炭库存变化→煤炭开采业新增固定资产→煤炭开采业资本存量→煤炭产量需求
10	煤炭消费总量→煤炭库存变化→煤炭价格指数→新增 R&D 固定资产投资→R&D 资本存量→技术水平→发电标煤耗→电力煤炭消费→第二产业煤炭消耗→煤炭消费总量
11	煤炭消费总量→煤炭库存变化→煤炭价格指数→新增 R&D 固定资产投资→R&D 资本存量→技术水平→乙烯综合标煤耗→化工煤炭消费→第二产业煤炭消耗→煤炭消费总量
12	煤炭消费总量→煤炭库存变化→煤炭价格指数→新增 R&D 固定资产投资→R&D 资本存量→技术水平→吨水泥标煤耗→建材煤炭消费→第二产业煤炭消耗→煤炭消费总量
13	煤炭消费总量→煤炭库存变化→煤炭价格指数→新增 R&D 固定资产投资→R&D 资本存量→技术水平→钢可比标煤耗→钢铁煤炭消费→第二产业煤炭消耗→煤炭消费总量
14	煤炭消费总量→煤炭库存变化→煤炭价格指数→新增 R&D 固定资产投资→R&D 资本存量→新增技术政策→技术政策→技术水平→发电标煤耗→电力煤炭消费→第二产业煤炭消耗→煤炭消费总量

续表

编号	反馈回路
15	煤炭消费总量→煤炭库存变化→煤炭价格指数→新增 R&D 固定资产投资→R&D 资本存量→新增技术政策→技术政策→技术水平→钢可比标煤耗→钢铁煤炭消费→第二产业煤炭消耗→煤炭消费总量
16	煤炭消费总量→煤炭库存变化→煤炭价格指数→新增 R&D 固定资产投资→R&D 资本存量→新增技术政策→技术政策→技术水平→吨水泥标煤耗→建材煤炭消费→第二产业煤炭消耗→煤炭消费总量
17	煤炭消费总量→煤炭库存变化→煤炭价格指数→新增 R&D 固定资产投资→R&D 资本存量→新增技术政策→技术政策→技术水平→乙烯综合标煤耗→化工煤炭消费→第二产业煤炭消耗→煤炭消费总量
18	煤炭消费总量→煤炭库存变化→煤炭价格指数→新增 R&D 固定资产投资→R&D 资本存量→新增技术政策→技术政策淘汰→技术政策→技术水平→乙烯综合标煤耗→化工煤炭消费→第二产业煤炭消耗→煤炭消费总量
19	煤炭消费总量→煤炭库存变化→煤炭价格指数→新增 R&D 固定资产投资→R&D 资本存量→新增技术政策→技术政策淘汰→技术政策→技术水平→钢可比标煤耗→钢铁煤炭消费→第二产业煤炭消耗→煤炭消费总量
20	煤炭消费总量→煤炭库存变化→煤炭价格指数→新增 R&D 固定资产投资→R&D 资本存量→新增技术政策→技术政策淘汰→技术政策→技术水平→吨水泥标煤耗→建材煤炭消费→第二产业煤炭消耗→煤炭消费总量
21	煤炭消费总量→煤炭库存变化→煤炭价格指数→新增 R&D 固定资产投资→R&D 资本存量→新增技术政策→技术政策淘汰→技术政策→技术水平→发电标煤耗→电力煤炭消费→第二产业煤炭消耗→煤炭消费总量

煤炭供给子系统以煤炭库存变化、煤炭开采业资本存量、煤炭产量以及其他种类能源供应量为核心变量，用于分析碳交易市场政策、非化石能源政策以及政策不确定性对煤炭供需系统的影响。煤炭供给子系统内部各变量之间的关系，如图 4.2 所示，在其他因素不变的前提下，煤炭产量的增加引起煤炭库存增加，导致煤炭库存压力上升，进一步引起煤炭开采业投资减少，从而降低煤炭产能增长速度(见表 4.1 反馈回路 9)。煤炭供给子系统与其他子系统之间的关系，见表 4.1 中反馈回路 9～反馈回路 20，如煤炭供给和需求共同决定煤炭价格，进一步影响煤炭开采以及 R&D 资金投入，从而引起整个煤炭供需系统发生变动。在煤

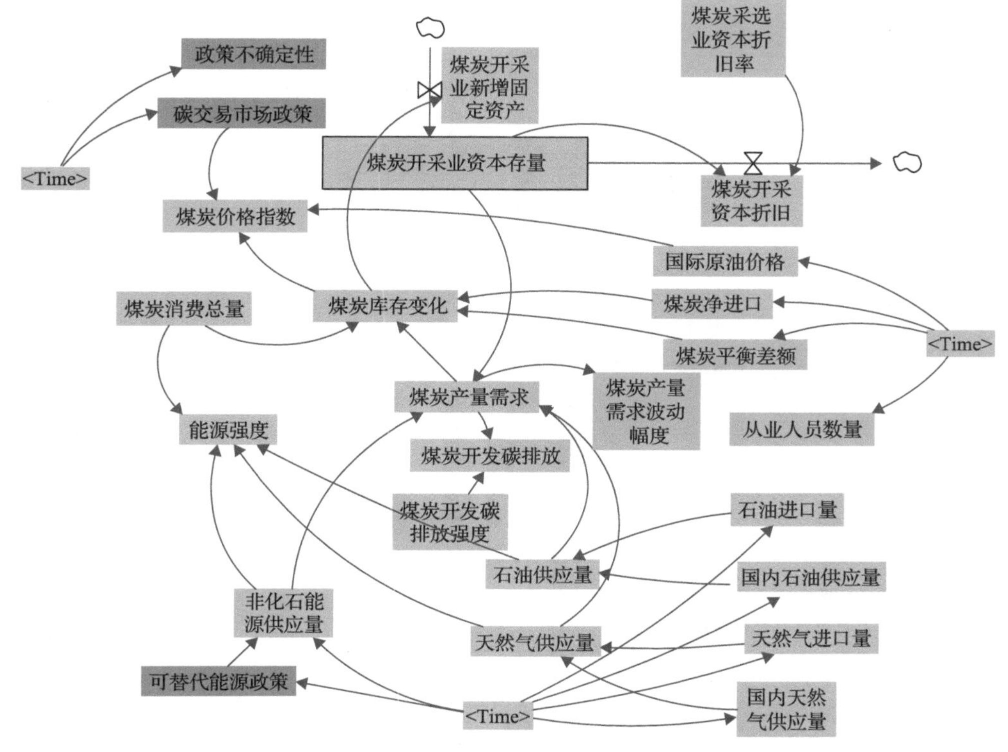

图 4.2　煤炭供给子系统结构示意图

炭需求不变的前提下，煤炭产量的降低减缓了库存压力，引起煤炭价格上升，要素价格的提高驱动生产者加速技术进步以降低煤炭使用强度，从而降低煤炭需求，导致出现煤炭供给和需求同时下降的现象。

基于上述分析，构建煤炭产量需求及波动预测系统动力学模型分析“双碳”目标下技术政策、能效政策、非化石能源政策、碳交易政策以及政策稳定性对煤炭供需系统的影响，如图 4.3 所示，模型包含 67 个变量，主要反馈回路见表 4.1。

4.2.3　模型函数及主要参数

1. 模型函数

煤炭供需系统动力学方程是描述煤炭供需系统内各变量之间关系的微分方程组，是构建系统动力学模型的核心。依据系统动力学相关理

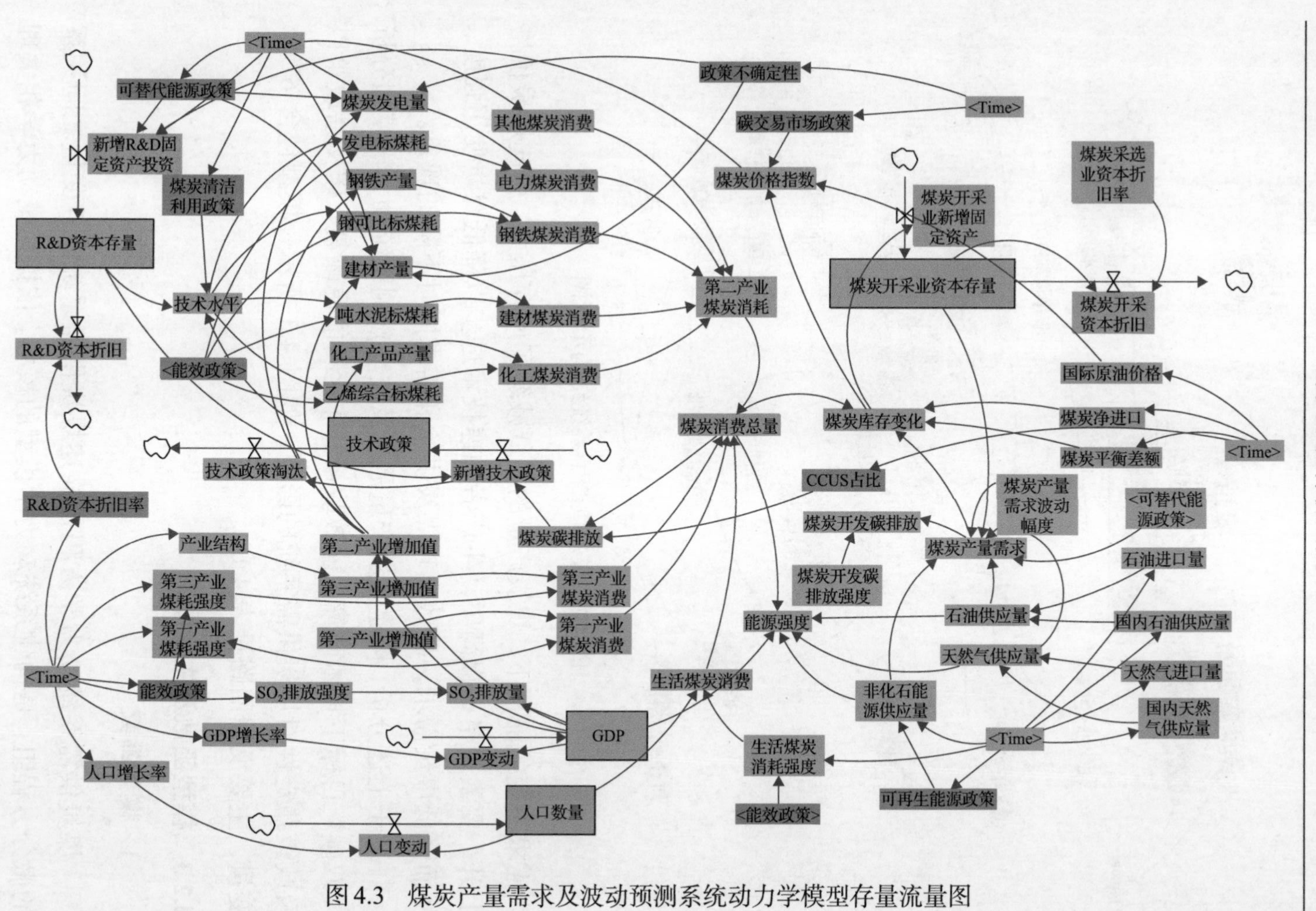

图 4.3 煤炭产量需求及波动预测系统动力学模型存量流量图

论，构建的系统动力学方程可分为三类。

(1) 水平变量方程 (L)，用于表示存量 (水平变量) 的变动过程，是流量 (速率变量) 对时间的积累，可用积分的形式表示。如式 (4.9) 所示，煤炭开采业资本存量 $\left[\text{Coal}_{\text{stock}}(t)\right]$ 受煤炭开采业新增固定资产投资 $\left[\text{Coal}_{\text{INV}}(t)\right]$、折旧 $\left[\text{Coal}_{\text{DEPR}}(t)\right]$ 以及初始值 $\left[\text{Coal}_{\text{stock}}(t_0)\right]$ 的影响，是在初始值的基础上对新增固定资产与折旧的累计。

$$\text{Coal}_{\text{stock}}(t)=\int_{t_1}^{t_2}\left(\text{Coal}_{\text{INV}}(t)-\text{Coal}_{\text{DEPR}}(t)\right)\mathrm{d}t+\text{Coal}_{\text{stock}}\left(t_0\right) \quad (4.9)$$

(2) 速率变量方程 (R)，用于表示流量 (速率变量) 随时间变动的方程，反映存量 (水平变量) 变动的速率，其基本关系表达式有乘积式、差商式和表函数式等。如式 (4.10) 所示，GDP 变动 $\left[\Delta\text{GDP}(t)\right]$ 为乘积式速率变量，等于上期 GDP $\left[\text{GDP}(t-1)\right]$ 与当期 GDP 增长率 $\left[\text{RGDP}(t)\right]$ 的乘积。

$$\Delta\text{GDP}(t)=\text{GDP}(t-1)\times\text{RGDP}(t) \quad (4.10)$$

(3) 辅助方程 (A)，用于更清楚地表述速率方程，包括表函数方程、延迟函数方程等。以技术政策淘汰量 $\left[\text{Old}_{\text{Tech}}(t)\right]$ 为例，依据我国政策实施的实际情况，设定技术政策平均实施时长为 5 年，使用延迟函数 (DELAY1) 表示：

$$\text{Old}_{\text{Tech}}(t)=\text{DELAY1}(\text{New}_{\text{Tech}}(t),5) \quad (4.11)$$

2. 主要参数

国内生产总值 (GDP，以 1990 年不变价格计算)、人口、分产业增加值等数据来自 2005～2020 年《中国统计年鉴》；R&D 资金投入数据来自 2005～2020 年《中国科技统计年鉴》；分产业 (行业) 煤炭消费数据、煤炭库存和生产数据来自 2005～2020 年中国煤炭市场网，煤炭价格指数数据来自 2006～2020 年依据中国煤炭市场网每周数据整理成年度数据；石油、天然气和非化石能源供给数据来自 2005～2020 年《中国能源统计年鉴》；石油价格使用的是 2005～2020 年布伦特原油价格（https://info.usd-cny.com/brent/lishi.htm）；可替代能源政策强度、技术政策强度等变量用当年发布的相关政策数量占所有政策的比例来表示，数据来源参考 1.4.2 节所述；此外，使用全要素生产率表征技术水平，数据来自郭雪萌等[93]的研究结果。

模型参数主要使用统计和计量方法估计，另有部分参数参考已有研究结果设定。①运用统计方法估计参数，而后通过复合模拟校准。模型中运用此方法核算的参数有发电标煤耗、钢可比标煤耗、吨水泥标煤耗和乙烯综合标煤耗等。②基于计量方法估计参数。例如，采用考虑时间趋势的多元回归模型估计技术水平方程参数（$\mathrm{lnTFP}_t = \beta_0 + \gamma t + \beta_1 \mathrm{lnR\&D}_t + \beta_2 \mathrm{lnTech}_t + \beta_3 \mathrm{lnCoal}_t + \varepsilon_t$，其中 lnTFP_t、$\mathrm{lnR\&D}_t$、lnTech_t 和 lnCoal_t 分别表示技术水平、R&D 资金投入、技术政策和煤炭清洁利用政策强度）。③参考现有研究和政府规划设定参数。例如，在使用永续盘存法核算煤炭开采业资本存量以及 R&D 资本存量过程中，资本折旧率是其中一个关键参数。对于煤炭开采业资本折旧率，本节参考关博和王立杰[94]中煤炭工业资本折旧率设定的 5%；对于 R&D 资本，参照朱有为和徐康宁[95]、王开科[96]等的研究结果，设定 R&D 资本折旧率在 2005～2010 年为 11.67%，在 2011～2015 年为 12.17%，在 2016～2020 年为 12.74%。模型其他参数设定见表 4.2，另有部分随时间变化的参数以表函数的形式设定（表 4.3）。

表 4.2　煤炭产量需求及波动预测系统动力学模型参数和方程设定

变量	参数或方程
GDP	INTEG（GDP 变动, 15475）
GDP 变动	GDP×GDP 增长率
人口变动	人口数量×人口增长率
人口数量	INTEG（人口变动, 13.1）
R&D 资本存量	INTEG（新增 R&D 固定资产投资–R&D 资本折旧, 8032）

续表

变量	参数或方程
R&D 资本折旧	R&D 资本存量×R&D 资本折旧率/100
新增 R&D 固定资产投资	14.7298×LN(煤炭价格指数)+866.687×(Time+2005)–3336.39×可替代能源政策–1.73482×10^6
技术政策	INTEG(新增技术政策–技术政策淘汰, 9)
技术政策淘汰	DELAY1(新增技术政策, 5)
技术水平	0.0002305×LN(技术政策)+0.0261154×LN(R&D 资本存量)–0.160879×LN(煤炭清洁利用政策)
政策不确定性	IF THEN ELSE(Time＞30,1,0)×RANDOM NORMAL(–0.05, 0.05, 0, 20 ,200)
新增技术政策	14.0942×LN(煤炭碳排放/44×12)+0.0009153×R&D 资本存量–36.4726
第一产业增加值	0.0106527×GDP+1640.33
第一产业煤炭消费	第一产业增加值×第一产业煤耗强度/10000
第二产业增加值	GDP–第三产业增加值–第一产业增加值
第二产业煤炭消耗	其他煤炭消费+化工煤炭消费+建材煤炭消费+电力煤炭消费+钢铁煤炭消费
第三产业增加值	GDP×产业结构
第三产业煤炭消费	第三产业增加值×第三产业煤耗强度/10000
生活煤炭消费	人口数量×生活煤炭消耗强度
钢可比标煤耗	IF THEN ELSE((–1763.65×技术水平+875.149)×能效政策＞10,(–1763.65×技术水平+875.149)×能效政策, 10)
钢铁产量	12.9219×LN(第二产业增加值)–111.489
钢铁煤炭消费	钢铁产量×钢可比标煤耗/1000/0.7143
化工产品产量	4.72052×LN(第二产业增加值)–41.3346
化工煤炭消费	化工产品产量×乙烯综合标煤耗/1000/0.7143
乙烯综合标煤耗	(–2489.56×技术水平+1222.93)×能效政策
建材产量	36.5947×LN(第二产业增加值)–308.387+(IF THEN ELSE(Time＞15,1,0))×(可替代能源政策+政策不确定性–0.3)×1×(15–Time)

续表

变量	参数或方程
建材煤炭消费	建材产量×吨水泥标煤耗/1000/0.7143
吨水泥标煤耗	(–195.794×技术水平+164.038)×能效政策
煤炭发电量	82.067×LN(第二产业增加值)–709.171+(IF THEN ELSE(Time＞15,1,0))×(可替代能源政策+政策不确定性–0.3)×4×(15–Time)
电力煤炭消费	煤炭发电量×发电标煤耗/1000/0.7143
发电标煤耗	(–582.816×技术水平+402.483)×能效政策
其他煤炭消费	6–Time×0.04
煤炭产量需求	0.0018147×煤炭开采业资本存量–0.000369×(石油供应量×1.4286+天然气供应量×13.3+非化石能源供应量)–47.7028×可替代能源政策+40.48
煤炭产量需求波动	(α×a×能耗强度×GDP+β×b×煤炭进口量+γ×c×石油进口量+δ×d×天然气进口量+θ×e×非化石能源量)/煤炭产量需求
煤炭价格指数	EXP(–0.0839137×煤炭库存变化+0.172213×LN(国际原油价格)+4.34924)×碳交易市场政策
煤炭库存变化	–(煤炭消费总量+煤炭平衡差额–煤炭产量–煤炭净进口)
煤炭开发碳排放	煤炭产量×煤炭开发碳排放强度
煤炭开发碳排放强度	1
煤炭开采业新增固定资产	–128.462×煤炭库存变化+1526.31
煤炭开采业资本存量	INTEG(煤炭开采业新增固定资产–煤炭开采业资本折旧, 1389.3)
煤炭开采业资本折旧	煤炭开采业资本存量×煤炭采选业资本折旧率
煤炭消费总量	第一产业煤炭消费+第二产业煤炭消耗+第三产业煤炭消费+生活煤炭消费
煤炭碳排放	煤炭消费总量 0.90×44/12×CCUS 占比
煤炭采选业资本折旧率	0.05
煤炭清洁利用政策	IF THEN ELSE(Time＞15, 1+(Time–15)×0.0025, 1)
石油供应量	国内石油产量+石油进口量
天然气供应量	国内天然气产量+天然气进口量
非化石能源政策	IF THEN ELSE(Time＞15, (Time–15)×0.075, 0)

续表

变量	参数或方程
碳交易市场政策	IF THEN ELSE (Time＞15, 1+(Time–15)×0.0025, 1)
能效政策	IF THEN ELSE (Time＞15, 1–(Time–15)×0.0025, 1)
能源强度	(煤炭消费总量×0.7143+石油供应量×1.4286+天然气供应量×13.3/10000+非化石能源供应量)/GDP

表 4.3 煤炭产量需求及波动预测系统动力学模型函数设定

变量	表函数
GDP 增长率	WITH LOOKUP (Time, ([(0,0)-(100,100)], (0, 0.0394589), (1, 0.0777878), (2, 0.0774689), (3, –0.00210704), (4, 0.0691607), (5, 0.0802719), (6, 0.0229683), (7, 0.0213128), (8, 0.010553), (9, 0.00035678), (10, 0.0145365), (11, 0.0427869), (12, 0.0354803), (13, 0.0123941), (14, 0.00530487), (15, 0.0438124), (16, 0.079894), (17, 0.05), (25, 0.04), (55, 0.025)))
人口增长率	WITH LOOKUP (Time, ([(0,0)-(100,100)],(0, 0.00589), (1, 0.00528), (2, 0.00517), (3, 0.00508), (4, 0.00487), (5, 0.00479), (6, 0.00613), (7, 0.00743), (8, 0.0059), (9 , 0.00671), (10, 0.00493), (11, 0.00653), (12, 0.00558), (13, 0.00378), (14 , 0.00332), (15, 0.00145), (16, 0.00034), (20, 0.00125), (55, –0.0054)))
R&D 资本折旧率	WITH LOOKUP (Time, ([(0,0)-(100,10000)], (0, 11.0421), (1, 11.6688), (2, 11.6688), (3, 11.6688), (4, 11.6688), (5, 11.6688), (6, 12.1703), (7, 12.1703), (8, 12.1703), (9, 12.1703), (10, 12.1703), (11, 12.7401), (12, 12.7401), (13, 12.7401), (14, 12.7401), (15, 12.7401), (17, 13), (20, 14.3), (55, 10)))
产业结构	WITH LOOKUP (Time, ([(0,0)-(100,100)], (0, 0.413359), (1, 0.43), (2, 0.45), (3, 0.5), (4, 0.48), (5, 0.48), (6, 0.5), (7, 0.48), (8, 0.468804), (9, 0.482709), (10, 0.507717), (11, 0.523621), (12, 0.526847), (13, 0.5327), (14, 0.542689), (15, 0.544585), (16, 0.533091), (30, 0.66), (40, 0.73), (55, 0.8)))
第一产业煤耗强度	WITH LOOKUP (Time×能效政策, ([(0,0)-(100,100)], (0, 1.00026), (1, 0.879111), (2, 0.855433), (3, 0.80153), (4, 1.15852), (5, 1.15524), (6, 1.11695), (7, 1.12892), (8, 1.21845), (9, 1.26174), (10, 1.37641), (11, 1.49452), (12, 1.5784), (13, 1.34687), (14, 1.22227), (15, 1.15482), (70, 0.941943)))
第三产业煤耗强度	WITH LOOKUP (Time×能效政策, ([(0,0)-(100,100)], (0, 0.963769), (1, 0.648819), (2, 0.625323), (3, 0.530632), (4, 0.87488), (5, 0.822655), (6, 0.821085), (7, 0.823835), (8, 0.826641), (9, 0.76291), (10, 0.737548), (11, 0.688011), (12, 0.583389), (13, 0.454269), (14, 0.384259), (15, 0.347149), (70, 0.007319)))

续表

变量	表函数
生活煤炭消耗强度	WITH LOOKUP (Time×能效政策, ([(0,0)-(100,1000)], (0, 0.0768485), (1, 0.0766046), (2, 0.0740432), (3, 0.0691153), (4, 0.0685402), (5, 0.0684306), (6 , 0.068547), (7, 0.0685134), (8, 0.0684373), (9, 0.0681569), (10, 0.0702092), (11, 0.0688614), (12, 0.0669568), (13, 0.0554031), (14, 0.0468376), (15, 0.0447544), (65, 0)))
煤炭平衡差额	WITH LOOKUP (Time, ([(0,0)-(100,100)], (0, –0.79), (1, –0.37), (2, –0.72), (3, –0.6), (4, 0.55), (5, 0.66), (6, 0.41), (7, 0.69), (8, 0.06), (9, –0.18), (10, –0.28), (11 , –1.03), (12, –0.79), (13, –0.26), (14, 0.36), (15, 0.97), (55, 0)))
煤炭净进口	WITH LOOKUP (Time, ([(0,0)-(100,100)], (0, –0.46), (1, –0.25), (2, –0.02), (3, –0.05), (4, 1.03), (5, 1.64), (6, 2.08), (7, 2.79), (8, 3.2), (9, 2.85), (10, 1.99), (11, 2.47), (12, 2.63), (13, 2.77), (14, 2.94), (15, 3), (55, 10)))
非化石能源供应量	WITH LOOKUP (Time+非化石能源政策, ([(0,0)-(100,100000)],(0, 1.93), (1, 2.12), (2, 2.34), (3, 2.69), (4 , 2.86), (5, 3.39), (6, 3.25), (7, 3.9), (8, 4.25), (9, 4.81), (10, 5.2), (11, 5.8), (12, 6.19), (13, 6.64), (14, 7.44), (15, 7.82), (16, 7.53), (70, 65.9262)))
可替代能源政策	WITH LOOKUP (Time, ([(0,0)-(100,100)], (0, 0.313), (1, 0.31), (2, 0.303), (3, 0.294), (4, 0.314), (5, 0.29), (6, 0.307), (7, 0.302), (8, 0.293), (9, 0.298), (10, 0.305), (11, 0.298), (12, 0.287), (13, 0.3), (14, 0.287), (15, 0.238), (55, 0.9)))
国内天然气供应量	WITH LOOKUP (Time, ([(0,0)-(100,100000)],(0, 493.2), (1, 585.5), (2, 692.4), (3, 803), (4, 852.7), (5, 948.5), (6, 1025.3), (7, 1106.1), (8, 1208.6), (9, 1301.6), (10, 1346.1), (11, 1368.7), (12, 1480.4), (13, 1601.6), (14, 1753.6), (15, 1925), (16, 2075.8), (25, 2642), (55, –521)))
天然气进口量	WITH LOOKUP (Time, ([(0,0)-(100,100000)],(0, 9.5), (1, 40.2), (2, 46), (3, 76.3), (4, 164.7), (5, 311.5), (6, 420.6), (7, 525.4), (8, 591.3), (9, 340.6), (10, 745.7), (11, 945.6), (12, 1215), (13, 1325), (14, 1395.2), (15, 1403), (16, 1675), (35, 7602), (55, 2447)))
国内石油供应量	WITH LOOKUP (Time, ([(0,0)-(100,100)],(0, 1.81), (1, 1.85), (2, 1.86), (3, 1.9), (4, 1.89), (5, 2.03), (6, 2.04), (7, 2.08), (8, 2.1), (9, 2.11), (10, 2.15), (11, 2), (12, 1.92), (13, 1.89), (14, 1.91), (15, 1.95), (16, 1.99), (20, 1.8), (55, 0.3)))
国际原油价格	WITH LOOKUP (Time, ([(0,0)-(100,100)], (0, 54.6), (1, 65.2), (2, 72.4), (3, 96.9), (4, 61.7), (5, 79.6), (6, 111.3), (7, 111.6), (8, 108.6), (9, 99), (10, 53), (11, 45.1), (12, 54.7), (13, 71.3), (14, 64.3), (15, 42), (55, 100)))
石油进口量	WITH LOOKUP (Time, ([(0,0)-(100,100)],(0, 1.27), (1, 1.45), (2, 1.63), (3, 0.14), (4, 2.04), (5, 2.39), (6, 2.54), (7, 2.71), (8, 2.82), (9, 3.08), (10, 3.36), (11, 3.81), (12, 4.2), (13, 4.62), (14, 5.06), (15, 5.4), (16, 5.1), (25, 6.1), (55, 1.2)))

续表

变量	表函数
CCUS 占比	WITH LOOKUP (Time, ([(0,0)-(100,100000)], (0, 1), (14, 1), (20, 0.998), (25, 0.979), (30, 0.945), (35, 0.877), (40, 0.821), (45, 0.73), (50, 0.532), (55, 0.225), (58, 0.04)))

依据美国能源消费平台期能源消费波动比例–4.2%～5.8%[97]，我国能源需求量波动系数(*a*)按±5%取值；综合考虑国际化石能源供应格局和地缘政治变化，导致化石能源进口不确定性增大，我国化石能源(煤炭、石油、天然气)进口量波动系数(*b*、*c*、*d*)按±10%取值；综合考虑新能源不稳定性，导致新能源供应的不确定性增大，非化石能源量波动系数(*e*)按±20%取值。

4.2.4 模型计算工具

Vensim 是由美国 Ventana Systems,Inc.开发的动态系统模型图形接口软件。在应用该软件构建系统动力学模型时，可只用图形化的各式箭头记号连接不同变量，并将变量之间的关系以方程式的方式写入模型。通过构建模型可以对不同变量的因果关系和回路进行动态模拟，输出不同变量间的关系，以便研究者了解模型的架构并修改完善。该软件提供免费个人学习版(Vensim PLE)，供教育和个人使用。该软件广泛应用于研究煤炭供需、能源替代、煤炭产能优化调控及能源需求预测等方面。不同系统动力学模型计算工具对比见表 4.4，综合对比，选择 Vensim PLE 作为研究工具模拟煤炭供需系统。

表 4.4 不同系统动力学模型计算工具对比

计算工具类型	工具描述	工具适配性
Vensim PLE	提供一种简易而具有弹性的方式，以建立包括因果循环、存货与流程图等相关模型，专门为学习系统动力学而设计的软件	可连续模拟存货和流量的动态变化，支持时间序列数据的导入和导出，同时具有图形化的模型构建和界面，支持外部函数和编译模拟。比较适用于研究煤炭产能调控等方面的仿真模拟

续表

计算工具类型	工具描述	工具适配性
Stella	主要为教育学家和研究人员使用，发布商业版本 iThink。具有专有属性，商业限量免费在线版	通常用于动态建模、政策分析和战略开发的完整建模工具。快速执行“what-if”分析来支持和改善决策制定。较少用于研究煤供需方面仿真模拟
Open Modelica	一种面向对象、声明式、多域建模语言，用于复杂系统的组件化建模	专业的跨平台仿真软件，通常用于机械、控制、电子、液压、气动等领域，创建机械液压、热和电气部件等
Simantics System Dynamics	支持不确定和/或随机系统的表示；可提供多种专门的模型对象，但不含库存、流量和转换器，使得模型更加透明	通常用于对未来性能进行定量概率预测的工程和科学应用。因不包含库存、流量，不适用于模拟煤炭供需动态变化

4.2.5 模型检验

在运用系统动力学模型模拟和预测之前，需要检验模型的有效性。运用 2005～2020 年历史数据检验模型对现实的拟合程度，将模型参数和方程代入 Vensim PLE 软件进行模拟，设置模拟时间为 2005～2020 年，时间间隔为 1 年。模型模拟部分变量的结果对比见表 4.5。

由表 4.5 可知，GDP、人口、R&D 资本存量、煤炭消费总量、第一二三产业煤炭消费量、生活煤炭消费量、煤炭产量等的模拟结果与统计数据的相对误差的绝对值均小于 10%，说明模型对现实的模拟程度较好，可用于对未来煤炭供需系统的仿真模拟和预测。

4.3 政策情景设计

基于我国煤炭供需现状及已有相关政策设定基准情景（记为 BAU 情景），用于模拟现行政策体系下未来煤炭供需系统发展路径，预测 2021～2060 年模型核心变量变动趋势，同时为其他情景提供可对照的参考系。在 BAU 情景的基础上，设定政策宽松情景（记为 WP 情景）和政策加严情景（记为 SP 情景），用于分析不同政策强度下我国煤炭产量

表 4.5 煤炭供需系统动力学模型部分变量模拟结果及误差

年份	GDP			人口			R&D 资本存量		
	真实值/亿元	模拟值/亿元	相对误差/%	真实值/亿人	模拟值/亿人	相对误差/%	真实值/亿元	模拟值/亿元	相对误差/%
2005	15475	15475	0.0	13.1	13.1	0.3	8032	8032	0.0
2006	16086	16086	0.0	13.1	13.2	0.6	9669	9063	–6.3
2007	17337	17337	0.0	13.2	13.2	0.5	11541	10798	–6.4
2008	18680	18680	0.0	13.2	13.3	0.6	13621	13222	–2.9
2009	18641	18641	0.0	13.3	13.4	0.6	16443	16255	–1.1
2010	19930	19930	0.0	13.4	13.4	0.5	19709	19738	0.1
2011	21530	21530	0.0	13.4	13.5	0.5	23392	23765	1.6
2012	22024	22024	0.0	13.5	13.6	0.7	27559	28015	1.7
2013	22494	22494	0.0	13.6	13.7	0.9	32251	32634	1.2
2014	22731	22731	0.0	13.6	13.8	0.9	37120	37586	1.3
2015	22739	22739	0.0	13.7	13.9	1.1	42354	42779	1.0
2016	23070	23070	0.0	13.8	13.9	1.1	48051	48179	0.3
2017	24057	24057	0.0	13.9	14.0	1.2	53447	53533	0.2
2018	24910	24910	0.0	13.9	14.1	1.3	58852	59114	0.4
2019	25219	25219	0.0	14.0	14.2	1.3	64752	64809	0.1
2020	25353	25353	0.0	14.0	14.2	1.2	70555	70687	0.2

续表

年份	煤炭消费总量			第一产业煤炭消费量			第二产业煤炭消费量			第三产业煤炭消费量			生活煤炭消费量			煤炭产量		
	真实值/亿t	模拟值/亿t	相对误差/%	真实值/亿t	模拟值/亿t	相对误差/%	真实值/亿t	模拟值/亿t	相对误差/%	真实值/亿t	模拟值/亿t	相对误差/%	真实值/亿t	模拟值/亿t	相对误差/%	真实值/亿t	模拟值/亿t	相对误差/%
2005	24.3	26.1	7.4	0.18	0.18	0.2	22.5	24.3	8.0	0.62	0.62	0.0	1.00	1.01	0.3	23.7	23.1	–2.2
2006	25.5	26.6	4.3	0.15	0.16	6.0	23.9	25.0	4.4	0.44	0.45	2.8	1.00	1.01	0.6	25.3	25.9	2.5
2007	27.3	29.6	8.5	0.15	0.16	2.7	25.7	28.0	8.9	0.46	0.49	5.0	0.98	0.98	0.5	26.9	28.3	5.2
2008	28.1	27.4	–2.6	0.15	0.15	–3.2	26.6	25.8	–3.0	0.42	0.42	–0.9	0.91	0.92	0.6	28.0	30.5	9.0
2009	29.6	30.5	3.2	0.21	0.21	2.4	30.7	28.6	–6.7	0.72	0.78	8.1	0.91	0.92	0.6	29.7	30.3	1.8
2010	34.9	35.5	1.6	0.21	0.21	–0.3	33.0	33.6	1.5	0.72	0.79	8.7	0.92	0.92	0.5	34.3	32.3	–5.7
2011	38.9	38.0	–2.3	0.22	0.21	–5.4	37.0	36.0	–2.7	0.78	0.78	–0.9	0.92	0.93	0.5	37.6	34.6	–8.0
2012	41.2	42.2	2.6	0.23	0.21	–6.6	39.2	40.2	2.6	0.82	0.87	5.6	0.93	0.93	0.7	39.5	36.3	–8.0
2013	42.4	44.8	5.6	0.25	0.23	–6.5	40.4	42.8	5.9	0.87	0.87	0.0	0.93	0.94	0.9	39.7	37.1	–6.6
2014	41.4	43.0	4.0	0.25	0.24	–4.2	39.3	41.0	4.2	0.84	0.84	0.0	0.93	0.94	0.9	38.7	40.4	4.3
2015	40.0	38.9	–2.7	0.26	0.26	–1.3	37.9	36.8	–2.8	0.85	0.85	0.0	0.96	0.97	1.1	37.5	39.3	4.9
2016	38.9	37.1	–4.7	0.28	0.28	1.5	36.8	35.0	–5.0	0.83	0.83	0.0	0.95	0.96	1.1	34.1	36.4	6.8
2017	39.1	38.9	–0.6	0.28	0.30	5.6	37.2	36.9	–0.7	0.74	0.74	0.0	0.93	0.94	1.2	35.2	37.8	7.3
2018	39.7	39.6	–0.5	0.24	0.26	8.6	38.1	37.9	–0.6	0.60	0.60	0.0	0.77	0.78	1.3	37.0	37.9	2.4
2019	40.2	38.1	–5.1	0.22	0.23	6.0	38.8	36.7	–5.3	0.53	0.53	0.0	0.65	0.66	1.3	38.5	38.4	–0.1
2020	40.5	37.6	–7.2	0.23	0.22	–2.1	39.2	36.3	–7.4	0.48	0.48	0.0	0.63	0.64	1.2	39.0	40.5	3.8

需求变动趋势。

4.3.1 基准情景(政策适中情景)

在 BAU 情景中,设定经济、社会、能源和排放等多个维度的变量(如 GDP 增长率、人口、CCUS 技术等)依照历史趋势以及已经发布的政策和规划变动作为依据。

在经济和社会发展方面,我国经济增长速率由“十二五”时期的 7.9%下降至“十三五”时期的 5.7%,基于我国经济发展进入新常态,未来我国经济增长速率将保持下降趋势,参考国务院发展研究中心(2021 年)的研究结果[98],设定我国 GDP 增长率在 2021～2060 年逐渐下降,在 2030 年降低至 5.2%,至 2060 年进一步降低至 3.3%,见表 4.6。在人口增长方面,我国人口总量从 2011 年的 13.5 亿人增长至 2020 年的 14.1 亿人,参照国际学者[99]在《柳叶刀》发布的我国未来人口参考情景预测数据取值,见表 4.6。

表 4.6 基准情景参数设定

项目	2025 年	2030 年	2035 年	2040 年	2045 年	2050 年	2055 年	2060 年
GDP 增长率/%	5.96	5.21	4.80	4.45	4.45	4.00	3.75	3.30
人口/亿人	14.6	14.7	14.6	14.4	14.3	14.1	13.9	13.6
第一产业煤炭消费强度变动/%	–1.3	–3.0	–4.7	–6.4	–8.1	–9.8	–11.4	–13.1
第三产业煤炭消费强度变动/%	–7.2	–16.3	–25.4	–34.4	–43.5	–52.6	–61.6	–70.7
生活煤炭消费强度变动/%	–8.2	–18.4	–28.6	–38.8	–49.0	–59.2	–69.4	–79.6
非化石能源供应量/亿 tce	10.8	14.2	17.7	21.2	29.9	37.8	44.3	49.8
CCUS 减排量占比/%	0.20	2.1	5.5	12.3	17.9	27.0	46.8	77.5

在能源使用方面,随着技术水平的提升,我国能源消费强度整体呈下降趋势,在 2011～2020 年,以年均复合 2.84%的能源消费增速支撑

了年均复合 6.53%的 GDP 增长，能源消耗强度降幅超过 30%。尽管我国在提高能源使用效率方面取得巨大成就，但仍高出世界平均水平和美国 30%，超过欧盟和日本 70%，还有充分的下降空间。“双碳”目标下，党中央、国务院高度重视节能提效工作，围绕落实“双碳”目标，强调“要把节约能源资源放在首位，实行全面节约战略”。《中华人民共和国国民经济和社会发展第十四个五年规划和 2035 年远景目标纲要》要求“能源资源配置更加合理，利用效率大幅提高”，提出要“坚持节能优先方针，深化工业、建筑、交通领域和公共机构节能，推动 5G、大数据中心等新兴领域能效提升”并设定了能源消费强度在“十四五”期间下降 13.5%的目标。随后，国家各部委联合印发《工业能效提升行动计划》，提出大力提升重点行业领域能效、持续提升用能设备系统能效、统筹提升企业园区综合能效、有序推进工业用能低碳转型、积极推动数字能效提档升级、持续夯实节能提效产业基础、加快完善节能提效体制机制七方面重点任务，推动能效水平达到并超过发达国家水平。基于上述现状和发展目标，设定 BAU 情景中第一产业、第三产业和生活煤炭消费强度在 2021～2035 年分别降低 13%、71%和 80%(模型中第二产业煤炭消费强度为内生变量，因此不需要外生给定)。清洁煤炭利用政策主要作用在第二产业的电力、钢铁、建材及化工四大行业，政府出台了一系列方案和规划，指导节能降耗目标的实现，如国务院印发《“十四五”节能减排综合工作方案》，提出“严格合理控制煤炭消费增长，抓好煤炭清洁高效利用”；国家发展改革委、国家能源局印发《“十四五”现代能源体系规划》，提出“十四五”时期严格合理控制煤炭消费增长，……严格控制钢铁、化工、水泥等主要用煤行业煤炭消费。同时，我国大力发展非化石能源优化能源消费结构，例如，国家发改委、国家能源局印发的《“十四五”现代能源体系规划》明确提出，到 2025 年非化石能源消费比重提高到 20%左右。《中共中央　国务院关于完整准确全面贯彻新发展理念做好碳达峰碳中和工作的意见》提出：到 2030 年，非化石能源消费比重达到 25%左右，风电、太阳能发电总装机容量达到

12 亿 kW 以上；到 2060 年，绿色低碳循环发展的经济体系和清洁低碳安全高效的能源体系全面建立，能源利用效率达到国际先进水平，非化石能源消费比重达到 80%以上，碳中和目标顺利实现，生态文明建设取得丰硕成果，开创人与自然和谐共生新境界。因此，综合考虑能源需求总量设定非化石能源供应量在 2021～2060 年持续增长，在 2030 年达到 14.2 亿 tce，在 2060 年进一步增长至 49.8 亿 tce[93]，见表 4.6。

在排放治理方面，CCUS 技术被认为是实现“双碳”目标的重要措施。例如，IPCC 特别报告[100]显示，忽视 CCUS 技术无法将全球温升控制在 1.5℃以内。为此，我国高度重视 CCUS 技术发展，制定多项国家政策和发展规划，积极推动发展 CCUS 技术。例如，《能源技术革命创新行动计划（2016—2030 年）》《能源生产和消费革命战略（2016—2030）》《关于加快建立健全绿色低碳循环发展经济体系的指导意见》《2030 年前碳达峰行动方案》《关于推进中央企业高质量发展做好碳达峰碳中和工作的指导意见》《关于“十四五”推动石化化工行业高质量发展的指导意见》等，提出要全方位支持建设全流程、集成化、规模化 CCUS 示范项目，并重点深入开展 CCUS 等关键技术攻关。在相关政策支持下，我国首个百万吨级 CCUS 项目全面建成投产，标志着我国 CCUS 产业化发展迈出关键一步。

基于上述现状和发展目标，结合《中国二氧化碳捕集利用与封存（CCUS）年度报告（2021）——中国 CCUS 路径研究》研究结果[101]和 Xie 等[102]提出的碳中和目标下我国清洁煤电 CCUS 发展情景，设定未来将继续加大 CCUS 技术创新和使用力度，CCUS 减排量占碳排放总量的比例在 2035 年增长至 5.5%，此后迅速上升，在 2060 年达到 77.5%，见表 4.6。

4.3.2 政策加严和政策宽松情景

基于 BAU 情景，结合我国煤炭供需现状，设置政策加严情景和政策宽松情景，分别模拟增强和减弱碳排放治理力度时煤炭供需系统变动趋势。

在碳交易市场政策方面，2011年发布的《国家发展改革委办公厅关于开展碳排放权交易试点工作的通知》启动碳排放权交易试点工作，在近10年的准备阶段，相继出台了《碳排放权交易管理暂行办法》《全国碳排放权交易市场建设方案(发电行业)》等，并于2021年建成全国统一的碳排放权交易市场，标志着我国碳交易迈入一个新时代。未来将就建立规范的交易规则、健全完善的碳市场管理层级、丰富的碳市场交易主体和交易产品等出台更多支持政策，进一步规范交易规则，推进碳交易市场发展壮大。通过碳交易市场规则，提高煤炭使用成本倒逼煤炭消费量减少，从而达到降低二氧化碳排放的目的。

基于上述背景，设定SP情景中排放治理力度，见表4.7，通过提高碳排放配额交易价格推动煤炭价格指数逐渐上涨，在2060年相较于BAU情景提高10%，以期尽早实现碳达峰碳中和目标。与之相反，在WP情景中，设定碳排放价格指数在2060年相较于BAU情景降低10%，见表4.7。

表4.7 政策宽松和政策加严情景参数设定

政策	SP情景	WP情景
碳交易市场政策	煤炭价格指数提高10%*	煤炭价格指数降低10%*
能效政策	能源消费强度降低10%*	能源消费强度提高10%*
能源消费结构优化政策	电力、钢铁、建材和化工行业煤炭消耗强度降低5%*	电力、钢铁、建材和化工行业煤炭消耗强度提高5%*
煤炭清洁利用政策	政策强度提高10%*	政策强度降低10%*
非化石能源政策	非化石能源供应量占比达到85%	非化石能源供应量占比达到75%
技术政策	CCUS减排量占比达到100%	CCUS减排量占比达到54.9%

注：表中内容均指在2060年的变化；*表示相较于BAU情景的变动。例如，“煤炭价格指数降低10%”是指：在WP情景中，煤炭价格指数相较于BAU情景逐渐降低，至2060年相较于BAU情景降低10%。

在能源消费方面，提高能源使用效率和优化能源消费结构是减少煤炭消费的两个重要抓手。在能源使用效率方面，当前我国万元GDP能耗远高于世界平均水平(30%)，与发达国家差距更为明显(高出欧盟和日本 70%)。基于上述背景，设定 SP 情景中进一步提高能源使用效率，推动能源消耗强度快速下降，在 2060 年相较于 BAU 情景降低 10%。在能源消费结构方面，“富煤缺油少气”的能源禀赋状况导致我国过度依赖煤炭，煤炭消费量占能源消费总量的比例在 2020 年为 56.9%，相较于美国(14%)和欧盟(13%)有较大进步空间。因此，设定 SP 情景中加快能源消费结构转变，相较于 BAU 情景，电力、钢铁、建材和化工行业煤炭消耗强度在 2060 年降低 5%，煤炭清洁利用政策强度提高 10%，非化石能源供应量占比达到 85%。与 SP 情景相反，设定 WP 情景中能源消费强度相较于 BAU 情景在 2060 年提高 10%，电力、钢铁、建材和化工行业煤炭消耗强度提高 5%，煤炭清洁利用政策强度下降 10%，非化石能源供应量占比达到 75%，见表 4.7。

在 CCUS 技术使用方面，考虑到 CCUS 是实现碳达峰碳中和的重要措施，设定 SP 情景中进一步加快 CCUS 技术创新和落地实施，CCUS 减排量占碳排放总量的比例在 2060 年达到 100%。相应地，设定 WP 情景中 CCUS 减排量占比在 2060 年达到 54.9%。

4.4 结果分析

4.4.1 基准情景(政策适中情景)

BAU 情景下，煤炭产量需求及波动幅度见表 4.8 和图 4.4。

表 4.8 2020～2060 年煤炭产量需求及波动幅度(BAU 情景)

年份	煤炭产量需求范围/亿 tce	煤炭产量需求均值/亿 tce	煤炭产量需求波动量/亿 tce	煤炭产量需求波动幅度/%
2020	23.4～30.1	26.7	3.4	±12.7
2021	24.0～30.9	27.4	3.5	±12.6
2022	25.9～33.1	29.5	3.6	±12.2
2023	26.6～34.1	30.4	3.8	±12.4
2024	27.0～34.8	30.9	3.9	±12.6

续表

年份	煤炭产量需求范围/亿 tce	煤炭产量需求均值/亿 tce	煤炭产量需求波动量/亿 tce	煤炭产量需求波动幅度/%
2025	27.3～35.3	31.3	4.0	±12.9
2026	27.4～35.8	31.6	4.2	±13.2
2027	27.5～36.0	31.7	4.3	±13.5
2028	27.4～36.2	31.8	4.4	±13.8
2029	27.2～36.3	31.8	4.5	±14.2
2030	27.0～36.2	31.6	4.6	±14.5
2035	24.8～34.2	29.5	4.7	±16.1
2040	22.2～31.7	27.0	4.8	±17.6
2045	18.5～27.7	23.1	4.6	±19.9
2050	15.1～23.9	19.5	4.4	±22.3
2055	11.2～19.3	15.2	4.0	±26.3
2060	7.1～14.2	10.7	3.6	±33.3

注：由于数据四舍五入，煤炭产量需求均值与煤炭产量需求范围求平均值不相等，表 4.9 和表 4.10 同此。

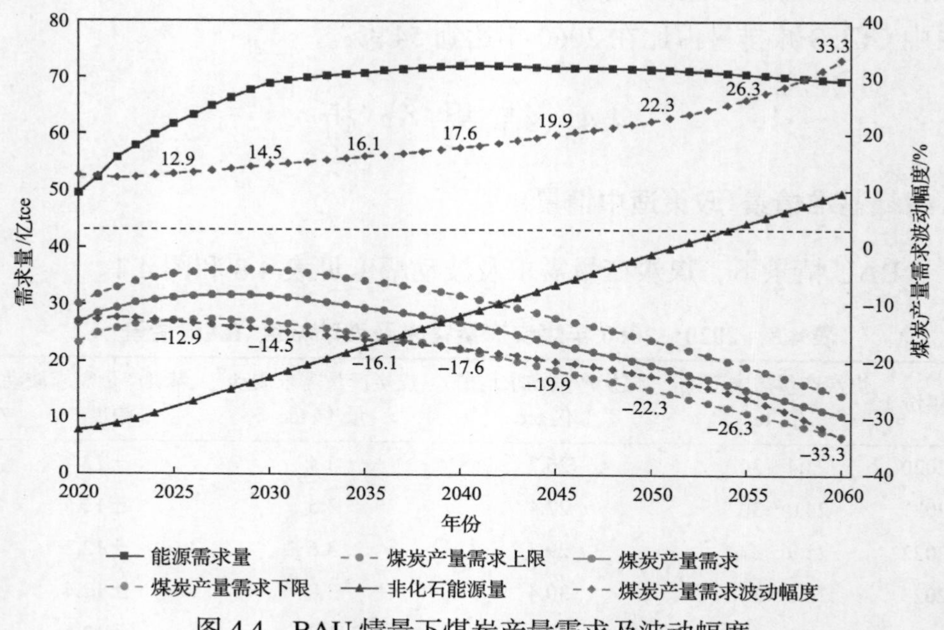

图 4.4　BAU 情景下煤炭产量需求及波动幅度

1. 煤炭产量需求

煤炭产量需求呈先增加后降低的趋势，以 5 年为间隔的煤炭产量需求分别为：2025 年 27.3 亿～35.3 亿 tce，2030 年 27.0 亿～36.2 亿 tce，2035 年 24.8 亿～34.2 亿 tce，2040 年 22.2 亿～31.7 亿 tce，2045 年 18.5 亿～27.7 亿 tce，2050 年 15.1 亿～23.9 亿 tce，2055 年 11.2 亿～19.3 亿 tce，2060 年 7.1 亿～14.2 亿 tce。煤炭产量需求均值峰值出现在 2026～2029 年，峰值区间为 31.6 亿～31.8 亿 tce。

2. 煤炭产量需求波动量

煤炭产量需求波动量与煤炭产量需求变动趋势一致，先增加后降低。以 5 年为间隔的煤炭产量需求波动量分别为：2025 年 4.0 亿 tce，2030 年 4.6 亿 tce，2035 年 4.7 亿 tce，2040 年 4.8 亿 tce，2045 年 4.6 亿 tce，2050 年 4.4 亿 tce，2055 年 4.0 亿 tce，2060 年 3.6 亿 tce。煤炭产量需求波动量峰值出现在 2035～2040 年，峰值约为 4.8 亿 tce。

3. 煤炭产量需求波动幅度

煤炭产量需求波动幅度呈逐步增加趋势，以 5 年为间隔的煤炭产量需求波动幅度分别为：2025 年±12.9%，2030 年±14.5%，2035 年±16.1%，2040 年±17.6%，2045 年±19.9%，2050 年±22.3%，2055 年±26.3%，2060 年±33.3%；波动幅度依次增加 1.6 个百分点、1.6 个百分点、1.5 个百分点、2.3 个百分点、2.4 个百分点、4.0 个百分点、7.0 个百分点，增幅逐步加大。

4.4.2 政策宽松情景

WP 情景下，煤炭产量需求及波动幅度见表 4.9 和图 4.5。

1. 煤炭产量需求

煤炭产量需求呈先增加后降低的趋势，以 5 年为间隔的煤炭产量需求分别为：2025 年 27.9 亿～35.9 亿 tce，2030 年 28.6 亿～37.6 亿 tce，

表 4.9 2020～2060 年煤炭产量需求及波动幅度（WP 情景）

年份	煤炭产量需求范围/亿 tce	煤炭产量需求均值/亿 tce	煤炭产量需求波动量/亿 tce	煤炭产量需求波动幅度/%
2020	23.4～30.1	26.7	3.4	±12.7
2021	24.1～30.9	27.5	3.4	±12.3
2022	26.1～33.3	29.7	3.6	±12.1
2023	27.0～34.4	30.7	3.7	±12.2
2024	27.5～35.2	31.4	3.9	±12.4
2025	27.9～35.9	31.9	4.0	±12.6
2026	28.2～36.5	32.4	4.1	±12.8
2027	28.4～36.9	32.7	4.2	±13.0
2028	28.6～37.3	32.9	4.3	±13.2
2029	28.6～37.5	33.1	4.4	±13.4
2030	28.6～37.6	33.1	4.5	±13.7
2031	28.6～37.6	33.1	4.5	±13.7
2032	28.4～37.5	33.0	4.5	±13.8
2035	27.3～36.6	32.0	4.7	±14.6
2040	25.8～35.1	30.5	4.7	±15.3
2045	23.1～32.1	27.6	4.5	±16.4
2050	20.7～29.2	24.9	4.3	±17.1
2055	17.3～25.2	21.3	3.9	±18.3
2060	13.3～20.2	16.8	3.5	±20.5

2035 年 27.3 亿～36.6 亿 tce，2040 年 25.8 亿～35.1 亿 tce，2045 年 23.1 亿～32.1 亿 tce，2050 年 20.7 亿～29.2 亿 tce，2055 年 17.3 亿～25.2 亿 tce，2060 年 13.3 亿～20.2 亿 tce。煤炭产量需求均值峰值出现在 2028～2031 年，峰值区间为 32.9 亿～33.1 亿 tce。

2. 煤炭产量需求波动量

煤炭产量需求波动量与煤炭产量需求变动趋势一致，先增加后降低。以 5 年为间隔的煤炭产量需求波动量分别为：2025 年 4.0 亿 tce，

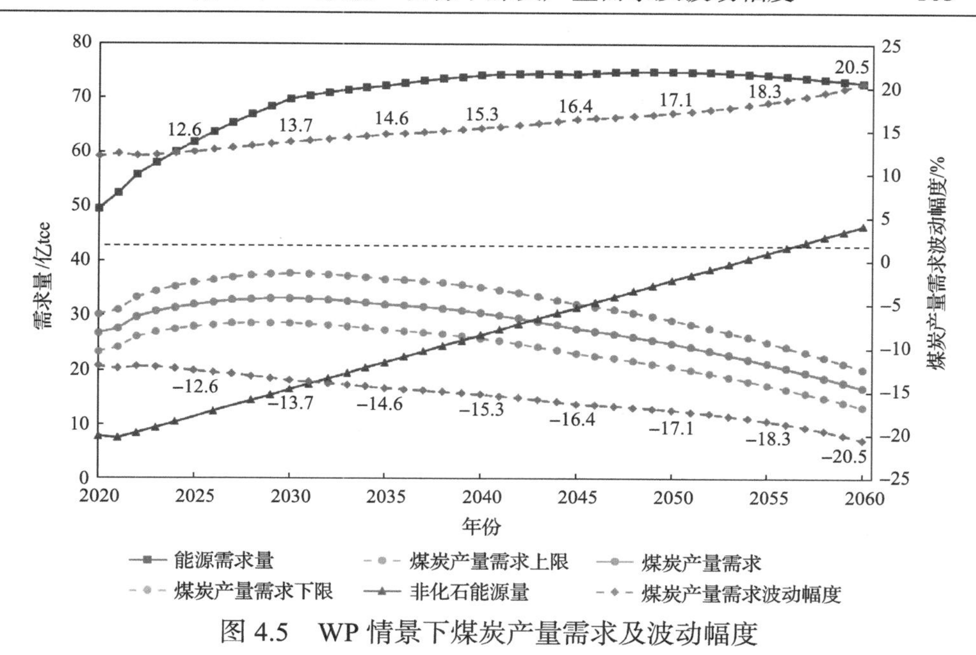

图 4.5 WP 情景下煤炭产量需求及波动幅度

2030 年 4.5 亿 tce，2035 年 4.7 亿 tce，2040 年 4.7 亿 tce，2045 年 4.5 亿 tce，2050 年 4.3 亿 tce，2055 年 3.9 亿 tce，2060 年 3.5 亿 tce。煤炭产量需求波动量峰值出现在 2035～2040 年，峰值约为 4.7 亿 tce。

3. 煤炭产量需求波动幅度

煤炭产量需求波动幅度呈逐步增加趋势，以 5 年为间隔的煤炭产量需求波动幅度分别为：2025 年±12.6%，2030 年±13.7%，2035 年±14.6%，2040 年±15.3%，2045 年±16.4%，2050 年±17.1%，2055 年±18.3%，2060 年±20.5%；波动幅度依次增加 1.1 个百分点、0.9 个百分点、0.7 个百分点、1.1 个百分点、0.7 个百分点、1.2 个百分点、2.2 个百分点，增幅较为平稳。

4.4.3 政策加严情景

SP 情景下，煤炭产量需求及波动幅度见表 4.10 和图 4.6。

1. 煤炭产量需求

煤炭产量需求呈先增加后降低的趋势，以 5 年为间隔的煤炭产量需

表 4.10　2020～2060 年煤炭产量需求及波动幅度（SP 情景）

年份	煤炭产量需求范围/亿 tce	煤炭产量需求均值/亿 tce	煤炭产量需求波动量/亿 tce	煤炭产量需求波动幅度/%
2020	23.4～30.1	26.7	3.4	±12.7
2021	24.0～30.8	27.4	3.4	±12.4
2022	25.7～32.9	29.3	3.6	±12.4
2023	26.3～33.9	30.1	3.8	±12.6
2024	26.6～34.4	30.5	3.9	±12.9
2025	26.7～34.9	30.8	4.1	±13.3
2026	26.7～35.2	30.9	4.2	±13.7
2027	26.6～35.3	31.0	4.4	±14.0
2028	26.4～35.4	30.9	4.5	±14.4
2029	26.1～35.3	30.7	4.6	±14.9
2030	25.7～35.1	30.4	4.7	±15.3
2035	22.6～32.3	27.5	4.8	±17.6
2040	19.0～28.7	23.9	4.8	±20.3
2045	14.3～23.7	19.0	4.7	±24.8
2050	9.8～18.8	14.3	4.5	±31.2
2055	5.2～13.5	9.3	4.1	±44.0
2060	1.4～8.8	5.1	3.7	±71.9

求分别为：2025 年 26.7 亿～34.9 亿 tce，2030 年 25.7 亿～35.1 亿 tce，2035 年 22.6 亿～32.3 亿 tce，2040 年 19.0 亿～28.7 亿 tce，2045 年 14.3 亿～23.7 亿 tce，2050 年 9.8 亿～18.8 亿 tce，2055 年 5.2 亿～13.5 亿 tce，2060 年 1.4 亿～8.8 亿 tce。煤炭产量需求均值峰值出现在 2025～2027 年，峰值区间为 30.8 亿～31.0 亿 tce。

2. 煤炭产量需求波动量

煤炭产量需求波动量与煤炭产量需求变动趋势一致，先增加后降低。以 5 年为间隔的煤炭产量需求波动量分别为：2025 年 4.1 亿 tce，

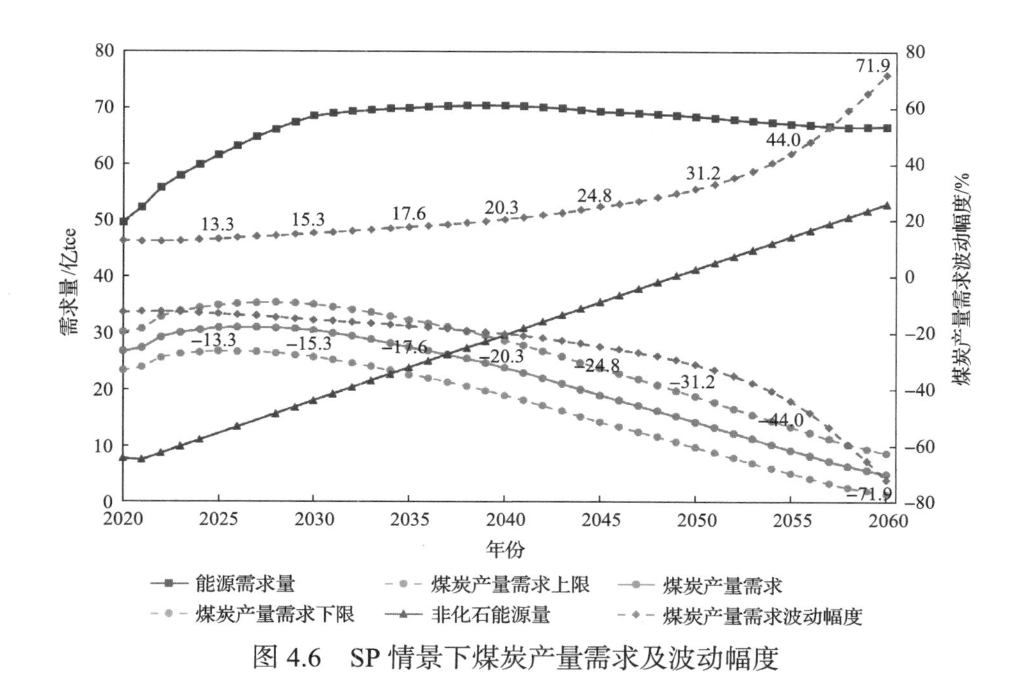

图 4.6 SP 情景下煤炭产量需求及波动幅度

2030 年 4.7 亿 tce，2035 年 4.8 亿 tce，2040 年 4.8 亿 tce，2045 年 4.7 亿 tce，2050 年 4.5 亿 tce，2055 年 4.1 亿 tce，2060 年 3.7 亿 tce。煤炭产量需求波动量峰值出现在 2035～2040 年，峰值约为 4.8 亿 tce。

3. 煤炭产量需求波动幅度

煤炭产量需求波动幅度呈逐步增加趋势，以 5 年为间隔的煤炭产量需求波动幅度分别为：2025 年±13.3%，2030 年±15.3%，2035 年±17.6%，2040 年±20.3%，2045 年±24.8%，2050 年±31.2%，2055 年±44.0%，2060 年±71.9%；波动幅度依次增加 2.0 个百分点、2.3 个百分点、2.7 个百分点、4.5 个百分点、6.4 个百分点、12.8 个百分点、27.9 个百分点，增幅快速加大。

4.4.4 不同情景结果对比分析

不同情景下煤炭产量需求波动量及波动幅度变化，见表 4.11。

表 4.11　不同情景下煤炭产量需求波动量及波动幅度对比

年份	煤炭产量需求差异/亿 tce			煤炭产量需求波动量差异/亿 tce			煤炭产量需求波动幅度差异/百分点		
	BAU–WP	SP–BAU	SP–WP	BAU–WP	SP–BAU	SP–WP	BAU–WP	SP–BAU	SP–WP
2025	–0.6	–0.5	–1.1	0.0	0.1	0.1	0.3	0.4	0.7
2026	–0.8	–0.7	–1.5	0.1	0.0	0.1	0.4	0.5	0.9
2027	–1.0	–0.7	–1.7	0.1	0.1	0.2	0.5	0.5	1.0
2028	–1.1	–0.9	–2.0	0.1	0.1	0.2	0.6	0.6	1.2
2029	–1.3	–1.1	–2.4	0.1	0.1	0.2	0.8	0.7	1.5
2030	–1.5	–1.2	–2.7	0.1	0.1	0.2	0.8	0.8	1.6
2035	–2.5	–2.0	–4.5	0.0	0.1	0.1	1.5	1.5	3.0
2040	–3.5	–3.1	–6.6	0.1	0	0.1	2.3	2.7	5.0
2045	–4.5	–4.1	–8.6	0.1	0.1	0.2	3.5	4.9	8.4
2050	–5.4	–5.2	–10.6	0.1	0.1	0.2	5.2	8.9	14.1
2055	–6.1	–5.9	–12.0	0.1	0.1	0.2	8.0	17.7	25.7
2060	–6.1	–5.6	–11.7	0.1	0.1	0.2	12.8	38.6	51.4

1. 煤炭产量需求

随着政策强度增加，煤炭产量需求呈下降趋势。相同年份(2025～2060 年)，基准情景煤炭产量需求较政策宽松情景减少 0.6 亿～6.1 亿 tce，政策加严情景较基准情景减少 0.5 亿～5.9 亿 tce，政策加严情景较政策宽松情景减少 1.1 亿～12.0 亿 tce。2030 年前不同情景差异较小，2030 年后不同情景差异快速扩大。基准情景煤炭产量需求均值峰值较政策宽松情景减少 1.3 亿 tce，政策加严情景较基准情景减少 0.8 亿 tce 左右，政策加严情景较政策宽松情景减少 2.1tce。基准情景煤炭产量需求均值峰值出现时间较政策宽松情景早 2 年左右，政策加严情景较基准情景早 2 年左右，政策加严情景较政策宽松情景早 4 年左右。从三个情景比较可以看出，政策强度对煤炭产量需求、煤炭产量需求均值峰值、煤炭产量需求均值峰值出现时间均有明显影响。

2. 煤炭产量需求波动量

不同情景下，相同年份的煤炭产量需求波动量差异在 0～0.2 亿 tce，相对较小；煤炭产量需求波动量差异峰值也在 0.2 亿 tce 以内，相对较小；煤炭产量需求波动量峰值均出现在 2035～2040 年。从三个情景比较可以看出，政策强度对煤炭产量需求波动量、煤炭产量需求波动量峰值、煤炭产量需求波动量峰值出现时间影响不显著。

3. 煤炭产量需求波动幅度

随着政策强度增加，煤炭产量需求波动幅度呈放大趋势。相同年份，基准情景煤炭产量需求波动幅度较政策宽松情景增加 0.3～12.8 个百分点，政策加严情景较基准情景增加 0.4～38.6 个百分点，政策加严情景较政策宽松情景增加 0.7～51.4 个百分点。2030 年前不同情景差异较小，2030 年后差异快速放大。从三个情景比较可以看出，政策强度对煤炭产量需求波动幅度影响显著。

4.5 本章小结

(1) 阐明煤炭的能源兜底保障定位，明晰国内煤炭供应承担的化石能源进口受限、可再生能源出力波动、能源消费超预期增长“三重”兜底保障任务，分析了“双碳”目标加大能源需求总量变化不确定性、可再生能源调峰需求、化石能源进口不确定性及对煤炭产量需求及波动的影响，提出煤炭产量需求及波动幅度计算方法。

(2) 运用系统动力学理论，以识别出的传导路径为主体，建立包括煤炭需求和煤炭供给两个子系统、67 个变量、21 条反馈回路的“双碳”目标下煤炭产量需求及波动预测模型。以 2005～2020 年面板数据为基础，应用 Vensim PLE 软件，检验反馈机制的有效性。模拟结果与统计数据的相对误差的绝对值均小于 10%，模型对现实的模拟程度较好，可用于对煤炭供需系统的仿真模拟和预测。

(3) 根据“双碳”目标转化为政策措施的可能情况，设置基准、政策宽松、政策加严三个情景，以“双碳”目标转化的政策措施为主要冲击变量，预测煤炭产量需求及波动幅度，结果显示：①政策强度对煤炭产量需求、煤炭产量需求均值峰值、煤炭产量需求均值峰值出现时间均有明显影响。随着政策强度增加，相同年份煤炭产量需求减少 0.5 亿～6.1 亿 tce，煤炭产量需求均值峰值降低 0.8 亿～1.3 亿 tce，煤炭产量需求峰值出现时间提前 2 年左右。②政策强度对煤炭产量需求波动量、煤炭产量需求波动量峰值、煤炭产量需求波动量峰值出现时间影响不显著。不同政策情景下，相同年份煤炭产量需求波动量差异、煤炭产量需求波动量差异峰值均在 0.2 亿 tce 以内。煤炭产量需求波动量峰值出现时间均在 2035～2040 年。③政策强度对煤炭产量需求波动幅度影响显著。随政策强度增加，相同年份煤炭产量需求波动幅度增加 0.3～38.6 个百分点，呈快速放大趋势。推荐选择政策强度适中的基准情景。

第 5 章 “双碳”目标下煤炭产能与储备产能优化布局

以第 4 章得出的煤炭产量需求及波动幅度为基础，本章研究“双碳”目标下煤炭产能与储备产能优化布局。分析煤炭产能与储备产能的定位，建立煤炭产能与储备产能优化布局方法；运用多目标动态规划理论和方法，以煤炭产量需求及波动幅度为目标，以省份煤炭产能优化成本最小、全要素生产率增长率最大为原则，以煤炭产能利用率合理区间为约束，构建“双碳”目标下煤炭产能与储备产能优化布局模型；以 1990～2020 年面板数据为基础，应用 LINGO 软件，规划求解“双碳”目标下煤炭产能和储备产能省份分配方案。

5.1 “双碳”目标下煤炭产能与储备产能优化布局方法

5.1.1 煤炭产能与储备产能定位

1. 煤炭产能

煤炭产能即煤炭生产能力，是一定时期内、一定范围内煤炭生产主体开采地下煤炭并将其加工成不同用途煤炭产品的最大产量，反映了煤炭生产可能性和生产规模。按照不同的分类方法，可将煤炭产能分成多种类型。

本节的煤炭产能是一个相对狭义的概念，是指在安全、环保等条件下，煤炭生产主体可根据市场供需情况自主安排生产的煤炭正常生产能力。煤炭产能定位于满足社会经济发展对煤炭的正常需求，不专门针对应急保供等特殊需求。

2. 煤炭储备产能

煤炭储备产能是指随煤炭产量需求波动幅度和频率加大，为满足应急保供等特殊需求而建设和运行的煤炭生产能力。煤炭储备产能定位于满足应急保供等特殊需求，即满足超出煤炭正常需求的部分。

按照构建资源-产能-产品三级有机配合的煤炭储备体系的功能设想，煤炭产品储备主要应对季节性的非正常波动的煤炭需求，煤炭产能储备主要应对年度等较长周期的非正常波动的煤炭需求。产品储备与产能储备有序衔接，产品储备为产能储备发挥作用提供缓冲周期，产能储备为回补产品储备提供重要来源。

5.1.2　煤炭产能与储备产能优化布局方法

按照经济规律，当煤炭市场供大于求时，煤炭价格下行，煤炭生产主体减少煤炭产量，而当煤炭产能利用率接近下限值时，煤炭生产主体开始减少煤炭产能；反之，当煤炭市场供不应求时，煤炭价格上涨，煤炭生产主体增加煤炭产量，而当煤炭产能利用率接近上限值时，煤炭生产主体增加煤炭产能。综合考虑煤炭需求变化趋势、资源配置效率等因素，将满足煤炭正常需求的最小煤炭产能规模定义为煤炭产能需求。

依据系统动力学模型得到的“双碳”目标下煤炭产量需求及波动幅度，综合考虑煤炭产需平衡及产能利用率合理区间，设定煤炭产能布局多目标优化约束条件，以省份煤炭产能优化成本最小、全要素生产率增长率最大为目标，构建煤炭产能布局多目标动态规划模型，求解得到“双碳”目标下煤炭产能与储备产能省份分配方案，如图 5.1 所示。

1. 煤炭产能

在现有产能的基础上，以满足“双碳”目标下煤炭产量需求均值为目标，以省份煤炭产能优化成本（TC）最小、全要素生产率增长率（TFP）最大为原则，以煤炭产能利用率(CU)合理区间（$CU_{min} \sim CU_{max}$）为约束，求解省份煤炭产能规模最优解 $Y(t)_i$，可以表示为

$$\min TC = f_1\left(Y(t)_i, \cdots\right)$$

$$\max TFP = f_2\left(Y(t)_i, \cdots\right)$$

$$
\text{s.t}\begin{cases}\sum Y(t)_i \geqslant Y(t)\\ \text{CU}_{\min} \leqslant \text{CU}_i \leqslant \text{CU}_{\max}\\ \cdots\cdots\end{cases} \tag{5.1}
$$

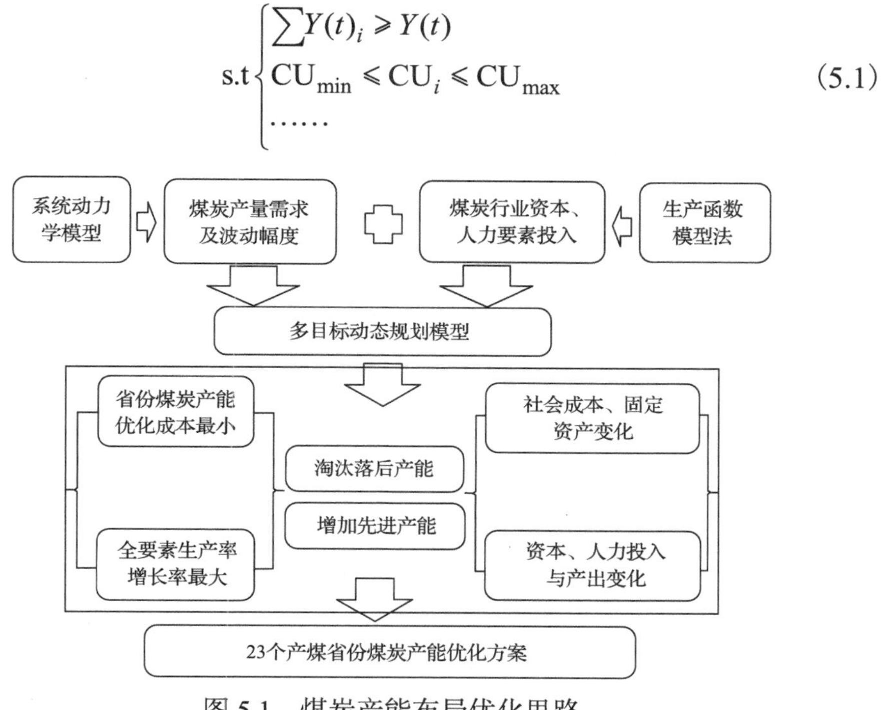

图 5.1 煤炭产能布局优化思路

2. 煤炭储备产能

由于储备产能是在煤炭产能之外增加的部分，以满足“双碳”目标下煤炭产量需求上限值为目标，求解省份煤炭产能规模上限值最优解 $Y(t)\max_i$，再以煤炭产能规模上限值最优解 $Y(t)\max_i$ 与省份煤炭产能规模最优解 $Y(t)_i$ 的差值计算省份煤炭储备产能规模最优解 $Y'(t)_i$，可以表示为

$$
\min \text{TC} = f_1\left(Y(t)\max_i,\cdots\right)
$$

$$
\max \text{TFP} = f_2\left(Y(t)\max_i,\cdots\right)
$$

$$
\text{s.t.}\begin{cases}\sum Y(t)_i \geqslant Y(t)_{\max}\\ \text{CU}_{\min} \leqslant \text{CU}_i \leqslant \text{CU}_{\max}\\ \cdots\cdots\end{cases} \tag{5.2}
$$

$$Y'(t)_i = Y(t)\max_i - Y(t)_i$$

5.2 基于多目标动态规划的煤炭产能与储备产能优化布局模型

5.2.1 模型主要结构

1. 煤炭产能利用率测算函数

依据煤炭产能利用率(CU)定义[103]，可以用煤炭实际产出量(Y)与理论产出量(Y^*)的比值表示：

$$\mathrm{CU} = Y / Y^* \tag{5.3}$$

应用边界生产函数模型,采用资本和劳动力投入的C-D生产函数形式，可将煤炭实际产出量(Y)表示为

$$Y = A \times K^{\alpha} \times L^{\beta} \times \mathrm{e}^{-\lambda} \quad (\lambda \geqslant 0) \tag{5.4}$$

式中：A 为技术进步；K 为资本投入；L 为劳动投入；α 为资本的产出弹性系数；β 为劳动的产出弹性系数；$\mathrm{e}^{-\lambda}$ 为生产非效率。

将式(5.4)两边分别取对数线性化：

$$\ln Y = a^* + \alpha \ln K + \beta \ln L - \lambda \quad (\lambda \geqslant 0) \tag{5.5}$$

假设 $E(\lambda) = \bar{\lambda}$，将其代入式(5.4)中可得

$$\ln Y = (a^* - \bar{\lambda}) + \alpha \ln K + \beta \ln L - (\lambda - E(\lambda)) \tag{5.6}$$

式(5.6)中，$E(\lambda) - \bar{\lambda} = 0$，可运用普通最小二乘法(ordinary least square，OLS)来估计参数，则平均生产函数为

$$\ln \bar{Y} = \hat{a} + \hat{\alpha} \ln K + \hat{\beta} \ln L \tag{5.7}$$

其中 $a = a^* - \bar{\lambda}$，参数估计采用 Gabrielson 法，通过式(5.8)得到最大残差 $\hat{\lambda}$：

$$\max(\ln Y - \ln \bar{Y}) = \max\left[\left(a^* + \alpha \ln K + \beta \ln L - \lambda\right) - \left(a^* - \hat{\lambda} + \hat{\alpha} \ln K + \hat{\beta} \ln L\right)\right] \tag{5.8}$$

在实际产出等于潜在产出即 $\lambda = 0$ 时，得到边界生产函数的表达式为

$$Y^* = \mathrm{e}^{\hat{a}^*} \times K^{\hat{\alpha}} \times L^{\hat{\beta}} \tag{5.9}$$

2. 煤炭产能优化布局成本测算函数

1）煤炭产能优化布局途径

煤炭产能优化分为两部分：①淘汰落后产能（eliminate），成本主要包含人员失业等带来的社会成本及煤矿固定资产处置导致的资产损失两部分，其中社会成本包含日常生活成本、社会保险成本、就业成本、教育成本等；②增加先进产能（increase），增加固定资产投资，同时增加就业，相对降低淘汰落后产能增加的社会成本。限于数据的可获得性，暂不考虑生产煤矿产能核增、产能恢复及产能置换带来的成本及资产变化。

综上，煤炭产能优化后产能变化量计算方法：

$$\Delta Y^* = \Delta I^* - \Delta E^* \tag{5.10}$$

式中：ΔY^* 为煤炭产能变化量；ΔI^* 为新增煤炭产能；ΔE^* 为淘汰落后煤炭产能。

2）淘汰落后产能成本测算

淘汰落后产能的社会成本计算公式：

$$T_{\mathrm{LE}} = \Delta \mathrm{LE} \times W_{\mathrm{L}} \tag{5.11}$$

式中：T_{LE} 为淘汰落后产能的社会成本；$\Delta \mathrm{LE}$ 为淘汰落后产能的失业人数；W_{L} 为人均社会成本。

$$W_{\mathrm{L}} = C_1 + C_2 + C_3 + C_4 \tag{5.12}$$

式中：C_1 为人均日常生活成本；C_2 为人均社会保险成本；C_3 为人均就

业成本；C_4 为人均教育成本。参考文献[104]给出了失业人员社会成本相关参数。

淘汰落后产能的固定资产损失计算公式如下：

$$r_{\mathrm{KE}} = \vartheta \times \Delta E^* \tag{5.13}$$

式中：r_{KE} 为淘汰落后产能的固定资产损失；ϑ 为淘汰单位煤炭产能的资产损失系数。参考文献[105]给出了各省份淘汰落后煤炭产能及资产损失，由此计算得到淘汰单位煤炭产能的资产损失系数，见表 5.1。

3) 新增产能的成本测算

新增产能成本计算方法与淘汰落后产能类似，只是增加煤炭产能，新建煤矿增加社会就业，等同于取得社会成本收益；此外，新建煤矿投资增加固定资产投资，增加了煤炭行业固定资产原值。假设新增煤炭产能增加社会效益，可以部分抵消淘汰落后产能增加的社会成本，则增加先进产能的社会效益计算公式为

$$T_{\mathrm{LI}} = \Delta \mathrm{LI} \times W_{\mathrm{L}} \tag{5.14}$$

式中：T_{LI} 为新增产能的社会效益；$\Delta \mathrm{LI}$ 为新增产能增加的就业人数。

新增产能对煤炭行业固定资产的影响计算公式为

$$r_{\mathrm{KI}} = \delta \times \Delta I^* \tag{5.15}$$

式中：r_{KI} 为新增产能对煤炭行业固定资产的增加值；δ 为新增单位煤炭产能的投资系数。

综上，煤炭产能优化社会成本计算公式为

$$T = T_{\mathrm{LI}} - T_{\mathrm{LE}} = (\Delta \mathrm{LI} - \Delta \mathrm{LE}) \times W_{\mathrm{L}} = \Delta L \times W_{\mathrm{L}} \tag{5.16}$$

由式(5.16)可知，煤炭产能优化社会成本与从业人数变化直接相关，求解产能优化社会成本的变化，即求解从业人数的变化。

煤炭产能优化固定资产变化计算公式为

$$\Delta K = r_{\mathrm{KI}} - r_{\mathrm{KE}} = \delta \times \Delta I^* - \vartheta \times \Delta E^* \tag{5.17}$$

由式(5.17)可知，煤炭产能优化固定资产的变化取决于淘汰落后产能和新增产能的数量及对应的新增单位煤炭产能的投资系数。

煤炭产能优化后煤炭行业资本损失率计算公式为

$$r = \Delta K / K \tag{5.18}$$

在实际计算中，限于数据的可获得性，采用吨煤炭产能投资成本来表征新增产能带来的成本变化，暂不考虑投资转固定资产的损失系数。通过搜集整理统计得到各省份新增单位煤炭产能的投资系数及淘汰单位煤炭产能的资产损失系数，见表 5.1。

表 5.1 各省份新增单位煤炭产能的投资系数和淘汰单位煤炭产能的资产损失系数

省份	新增单位煤炭产能的投资系数/(元/t)	淘汰单位煤炭产能的资产损失系数/(元/t)
河北	760.6	229.3
山西	680.0	347.2
内蒙古	780.0	194.2
辽宁	660.2	310.1
吉林	670.0	171.9
黑龙江	579.0	302.7
江苏	535.8	358.1
安徽	365.9	335.7
福建	600.1	155.9
江西	786.0	233.5
山东	720.8	401.6
河南	674.0	216.0
湖北	710.0	267.2
湖南	230.4	211.8
广西	540.0	99.9

续表

省份	新增单位煤炭产能的投资系数/(元/t)	淘汰单位煤炭产能的资产损失系数/(元/t)
四川	570.3	96.4
贵州	665.0	161.2
云南	518.0	213.7
陕西	302.6	240.2
甘肃	443.5	178.0
青海	600.0	180.0
宁夏	147.2	153.8
新疆	138.4	240.6

4)煤炭产能优化布局综合成本测算

通过上述分析，依据煤炭行业边界生产函数和产能优化社会成本和资产损失测算方法，得到煤炭产能优化前后成本计算方法：

$$C\left(r, w, \Delta Y^{*}\right)=\min_{\Delta K, \Delta L}(r \times \Delta K+w \times \Delta L) \tag{5.19}$$

$$\text{s.t.}\begin{cases} Y_{t}^{*}=\mathrm{e}^{\hat{a}^{*}} \times K_{t}^{\hat{\alpha}} \times L_{t}^{\hat{\beta}} \\ Y_{t+1}^{*}=\mathrm{e}^{\hat{a}^{*}} \times K_{t+1}^{\hat{\alpha}} \times L_{t+1}^{\hat{\beta}} \\ \Delta Y^{*}=Y_{t}^{*}-Y_{t+1}^{*} \\ \Delta K=K_{t}-K_{t+1} \\ \Delta L=L_{t}-L_{t+1} \end{cases} \tag{5.20}$$

式中：r、w分别为资本和劳动力释放价格，即资本损失率和人均社会成本；Y_t^*、K_t、L_t分别为第t年煤炭行业产能、资本和劳动力投入，假设在第$t+1$年不实施产能优化，则对应第$t+1$年的预计煤炭产能、资本和劳动力投入，可测算；Y_{t+1}^*、K_{t+1}、L_{t+1}分别为第$t+1$年实施产能优化后产能、资本和劳动力投入，未知，有待计算。

将式(5.19)代入式(5.20)可得

$$C\left(r, w, \Delta Y^{*}\right)=\min_{K_{t+1}, L_{t+1}}\left[r\times\left(K_{t}-K_{t+1}\right)+w\times\left(L_{t}-L_{t+1}\right)\right] \tag{5.21}$$

$$\text{s.t. } \Delta Y^{*}=Y_{t}^{*}-\mathrm{e}^{\hat{a}^{*}}\times K_{t+1}^{\hat{\alpha}}\times L_{t+1}^{\hat{\beta}} \tag{5.22}$$

通过构造拉格朗日函数，如下所示：

$$H\left(K_{t+1}, L_{t+1}\right)=r\left(K_{t}, K_{t+1}\right)+w\left(L_{t}, L_{t+1}\right)+\lambda\left(\Delta Y^{*}-Y_{t}^{*}+\mathrm{e}^{\hat{a}^{*}} K_{t+1}^{\hat{\alpha}} L_{t+1}^{\hat{\beta}}\right) \tag{5.23}$$

式(5.23)取极值需要满足的条件：

$$\frac{\partial H}{\partial K_{t+1}}=-r+\lambda\hat{\alpha}\mathrm{e}^{\hat{a}^{*}} K_{t+1}^{\hat{\alpha}-1} L_{t+1}^{\hat{\beta}}=0 \tag{5.24}$$

$$\frac{\partial H}{\partial L_{t+1}}=-w+\lambda\hat{\beta}\mathrm{e}^{\hat{a}^{*}} K_{t+1}^{\hat{\alpha}} L_{t+1}^{\hat{\beta}-1}=0 \tag{5.25}$$

将式(5.24)代入式(5.25)可得

$$K_{t+1} / L_{t+1}=\hat{\alpha} w / \hat{\beta} r \tag{5.26}$$

将式(5.26)代入式(5.22)得到资本 K_{t+1} 的条件要素释放函数和劳动力 L_{t+1} 的条件要素释放函数，分别为

$$K_{t+1}\left(r, w, \Delta Y^{*}\right)=\left[\left(Y_{t}^{*}-\Delta Y^{*}\right)\mathrm{e}^{-\hat{a}^{*}}\left(\frac{\hat{\alpha} w}{\hat{\beta} r}\right)^{\hat{\beta}}\right]^{\frac{1}{\hat{\alpha}+\hat{\beta}}} \tag{5.27}$$

$$L_{t+1}\left(r, w, \Delta Y^{*}\right)=\left[\left(Y_{t}^{*}-\Delta Y^{*}\right)\mathrm{e}^{-\hat{a}^{*}}\left(\frac{\hat{\alpha} w}{\hat{\beta} r}\right)^{-\hat{\alpha}}\right]^{\frac{1}{\hat{\alpha}+\hat{\beta}}} \tag{5.28}$$

由此，可得到各省份煤炭产能优化方案总成本的函数表达式：

$$C\left(r,w,\Delta Y^{*}\right)=r\left\{K_{t}-\left[\left(Y_{t}^{*}-\Delta Y^{*}\right)\mathrm{e}^{-\hat{a}^{*}}\left(\hat{\alpha}w/\hat{\beta}r\right)^{\hat{\beta}}\right]^{\frac{1}{\hat{\alpha}+\hat{\beta}}}\right\}$$
$$+w\left\{L_{t}-\left[\left(Y_{t}^{*}-\Delta Y^{*}\right)\mathrm{e}^{-\hat{a}^{*}}\left(\hat{\alpha}w/\hat{\beta}r\right)^{-\hat{\alpha}}\right]^{\frac{1}{\hat{\alpha}+\hat{\beta}}}\right\} \tag{5.29}$$

3. 全要素生产率增长率测算函数

全要素生产率是衡量经济增长质量的重要指标，克服了单要素生产率的片面性缺陷，能够真实反映整体经济投入转化为产出的效率，其动态变化是经济增长的直接源泉，比静态更有意义。有关全要素生产率测算，C-D 生产函数形式使用得最为广泛。

$$Y_{t}=\mathrm{e}^{a_{t}}\times K_{t}^{\alpha}\times L_{t}^{\beta} \tag{5.30}$$

式中：Y_t 为 t 年的实际产出量；K_t 为 t 年的资本投入；L_t 为 t 年的劳动投入；α 为资本的产出弹性系数；β 为劳动的产出弹性系数。

对式(5.30)求导：

$$\frac{\mathrm{d}Y}{\mathrm{d}t}=K^{\alpha}L^{\beta}\frac{\mathrm{d}(\mathrm{e}^{a})}{\mathrm{d}t}+\mathrm{e}^{a}\alpha K^{\alpha-1}L^{\beta}\frac{\mathrm{d}K}{\mathrm{d}t}+\mathrm{e}^{a}\beta K^{\alpha}L^{\beta-1}\frac{\mathrm{d}L}{\mathrm{d}t} \tag{5.31}$$

式(5.31)两边同除以 Y，并代入 $Y=\mathrm{e}^{a}K^{\alpha}L^{\beta}$：

$$\frac{1}{Y}\frac{\mathrm{d}Y}{\mathrm{d}t}=\frac{1}{\mathrm{e}^{a}}\frac{\mathrm{d}(\mathrm{e}^{a})}{\mathrm{d}t}+\alpha\frac{1}{K}\frac{\mathrm{d}K}{\mathrm{d}t}+\beta\frac{1}{L}\frac{\mathrm{d}K}{\mathrm{d}t} \tag{5.32}$$

则全要素生产率(TFP)：

$$\mathrm{TFP}=\frac{1}{\mathrm{e}^{a}}\frac{\mathrm{d}(\mathrm{e}^{a})}{\mathrm{d}t}+\frac{1}{Y}\frac{\mathrm{d}Y}{\mathrm{d}t}-\alpha\frac{1}{K}\frac{\mathrm{d}K}{\mathrm{d}t}-\beta\frac{1}{L}\frac{\mathrm{d}L}{\mathrm{d}t} \tag{5.33}$$

结合煤炭行业实际情况，煤炭产能优化前后 TFP 增长率计算方法：

$$\dot{\mathrm{TFP}}=\frac{Y_{t+1}-Y_{t}}{Y_{t}}-\alpha\frac{K_{t+1}-K_{t}}{K_{t}}-\beta\frac{L_{t+1}-L_{t}}{L_{t}} \tag{5.34}$$

式中：Y_{t+1} 为 $t+1$ 年煤炭产量；K_{t+1} 为 $t+1$ 年资本投入；L_{t+1} 为 $t+1$ 年劳动投入。

将式(5.23)和式(5.24)代入式(5.34)得到煤炭产能优化 TFP 增长率测算公式：

$$\dot{\text{TFP}}=\left(Y_{t+1}-Y_t\right)/Y_t-\alpha\left\{\left[\left(Y_t^*-\Delta Y^*\right)\mathrm{e}^{-\hat{a}^*}\left(\hat{\alpha}w/\hat{\beta}r\right)^{\hat{\beta}}\right]^{\frac{1}{\hat{\alpha}+\hat{\beta}}}-K_t\right\}/K_t$$
$$-\beta\left\{\left[\left(Y_t^*-\Delta Y^*\right)\mathrm{e}^{-\hat{a}^*}\left(\hat{\alpha}w/\hat{\beta}r\right)^{-\hat{\alpha}}\right]^{\frac{1}{\hat{\alpha}+\hat{\beta}}}-L_t\right\}/L_t \tag{5.35}$$

4. 多目标动态规划模型

全国煤炭产能优化的总成本由各省份成本加和计算，全要素生产率增长率由加权法求得，整理得出基于多目标动态规划的煤炭产能与储备产能优化布局模型如下：

$$\min \text{TC}=\sum_{i=1}^{23}r_i\left\{K_{t,i}-\left[Y_{t,i}^*(1-R_{t+1,i})\mathrm{e}^{-\hat{a}_i^*}\left(\hat{\alpha}_i w_i/\hat{\beta}_i r_i\right)^{\hat{\beta}_i}\right]^{\frac{1}{\hat{\alpha}_i+\hat{\beta}_i}}\right\}$$
$$+w_i\left\{L_{t,i}-\left[Y_{t,i}^*(1-R_{t+1,i})\mathrm{e}^{-\hat{a}_i^*}\left(\hat{\alpha}_i w_i/\hat{\beta}_i r_i\right)^{-\hat{\alpha}_i}\right]^{\frac{1}{\hat{\alpha}_i+\hat{\beta}_i}}\right\} \tag{5.36}$$

$$\max \dot{\text{TFP}}=\sum_{i=1}^{24}\left\{\begin{array}{l}\left(Y_{t+1,i}-Y_{t,i}\right)-\hat{\alpha}_i\left(\dfrac{Y_{t,i}}{K_{t,i}}\right)\left\{\left[Y_{t,i}^*\left(1-R_{t+1,i}\right)\mathrm{e}^{-\hat{a}_i^*}\left(\hat{\alpha}_i w_i/\hat{\beta}_i r_i\right)^{\hat{\beta}_i}\right]^{\frac{1}{\hat{\alpha}_i+\hat{\beta}_i}}-K_{t,i}\right\}\\-\hat{\beta}_i\left(\dfrac{Y_{t,i}}{L_{t,i}}\right)\left\{\left[Y_{t,i}^*(1-R_i)\mathrm{e}^{-\hat{a}_i^*}\left(\hat{\alpha}_i w_i/\hat{\beta}_i r_i\right)^{-\hat{\alpha}_i}\right]^{\frac{1}{\hat{\alpha}_i+\hat{\beta}_i}}-L_{t,i}\right\}\end{array}\right\}$$
$$\Big/\sum_{i}^{23}Y_{t,i} \tag{5.37}$$

约束条件s.t.如下。

(1)煤炭产量约束(各省份煤炭产量之和达到煤炭产量需求)：

$$\sum_{i=1}^{23} Y_{t+1,i} \geqslant \mathrm{CHN}_{t+1}\text{，}\quad Y_{t+1,i} = \frac{Y_{t,i}^*}{Y_t^*} \times \mathrm{CHN}_t \tag{5.38}$$

式中：$Y_{t+1,i}$为在$t+1$年i省份煤炭产量；$Y_{t,i}^*$为在t年i省份煤炭产能；Y_t^*为在t年全国总的煤炭产能。

(2)煤炭资源量约束(基于产量需求和煤炭采出率求出的煤炭资源量)：

$$\sum_{t=2020}^{2060} Y_{t,i} / \varepsilon_i \leqslant Q_i \tag{5.39}$$

煤炭资源量以《中国矿产资源报告》公布的 2019 年各省份保有资源量为基准。Q_i为各省份煤炭保有资源量；ε_i为各省份煤炭资源采出率，各省份煤炭资源采出率参考项目组研究成果获得[1]；$i=1,2,\cdots,23$，$t=2020,\cdots,2060$。

(3)各省份煤炭产能的变化量约束：

$$R_{t+1,i} = \Delta Y_{t+1,i}^* / Y_{t,i}^* \tag{5.40}$$

$$R_{t+1,i} \geqslant 1 - \left(\mathrm{e}^{\hat{a}_i^*} K_{t,i}^{\hat{\alpha}+\hat{\beta}} / Y_{t,i}^*\right)\left(\hat{\alpha}_i w_i / \hat{\beta}_i r_i\right)^{-\hat{\beta}_i} \tag{5.41}$$

$$R_{t+1,i} \geqslant 1 - \left(\mathrm{e}^{\hat{a}_i^*} L_{t,i}^{\hat{\alpha}_i+\hat{\beta}_i} / Y_{t,i}^*\right)\left(\hat{\alpha}_i w_i / \hat{\beta}_i r_i\right)^{-\hat{\beta}_i} \tag{5.42}$$

式中：$R_{t+1,i}$为在$t+1$年i省份产能变化规模占该省份第t年煤炭产能的比例。

(4)各省份煤炭产能利用率约束：

$$\begin{cases} \sum_{i=1}^{23} Y_{t,i}^{*}\left(1+R_{t+1,i}\right)=Y_{t+1}^{*} \\ \sum_{i=1}^{23} Y_{t,i}^{*}\times R_{t+1,i}=\Delta Y_{t+1}^{*} \\ Y_{t+1,i}/\mathrm{CU}_{\max}\leqslant Y_{t,i}^{*}\times\left(1+R_{t+1,i}\right)\leqslant Y_{t+1,i}/\mathrm{CU}_{\min} \end{cases} \tag{5.43}$$

式中：ΔY_{t+1}^{*}为第$t+1$年煤炭产能优化总量；$\mathrm{CU}_{\min}$、$\mathrm{CU}_{\max}$分别为合理产能利用率取值的下限、上限，依据参考文献通常取值为 79%、83%[105]。

5.2.2 模型主要参数

现阶段我国共计 23 个产煤省份，考虑数据可得性和一致性，模型时间段选为 1990～2020 年，相关参数设置及数据来源说明如下。

1. 实际产出

选择以各省份原煤产量来衡量，从历年《中国能源统计年鉴》、各省份能源统计年鉴以及 CCTD 数据库整理得到各省份历年（1990～2020 年）煤炭产量数据。

2. 资本存量

通常采用永续盘存法计算资本存量，计算公式为[52]

$$K_t=K_{t-1}(1-\delta)+I_t \tag{5.44}$$

式中：K_t、K_{t-1}为第t年和第$t-1$年的资本存量；δ为固定资产折旧率；I_t为年新增固定资产投资总额。此外，采用固定资产年平均余额指标衡量资本存量也是常用的方法[106]。

采用永续盘存法计算资本存量的关键核心是对基期资本存量的计算，一些学者尝试用不同的方法计算煤炭采选业不同年度的基期资本存量，包含直接法[107]、间接法[108-109]及替代法[110-111]等。本节采用间接法计算基期资本存量K_0[112]：

$$K_0 = \frac{I_t}{\delta + \eta} \tag{5.45}$$

式中：η为固定资产投资的年平均增长率，%。

参考历年《中国能源统计年鉴》《中国投资领域统计年鉴》及文献[113]获取各省份煤炭采选业固定资产投资数据。固定资产的折旧率对资本存量也具有重要的影响，参考文献[114]采用固定资产折旧率计算结果，各省份煤炭采选业固定资产折旧率见表5.2。

表 5.2　各省份煤炭采选业固定资产折旧率

省份	折旧率/%	省份	折旧率/%
河北	5.12	湖北	1.49
山西	6.84	湖南	3.51
内蒙古	6.35	广西	2.22
辽宁	5.67	重庆	4.84
吉林	7.50	四川	8.83
黑龙江	4.99	贵州	6.41
江苏	4.97	云南	5.37
安徽	5.84	陕西	7.64
福建	3.74	甘肃	6.77
江西	3.36	青海	7.57
山东	5.46	宁夏	7.67
河南	4.72	新疆	5.05

3. 劳动投入

通常采用从业人数作为衡量劳动投入的指标或从业人员平均受教育年限、工作时间等指标综合作为劳动投入指标[53]。本节选择各省份煤炭行业从业人数作为衡量劳动投入的指标，并基于历年《中国统计年鉴》及省份统计年鉴获取从业人数数据。

5.2.3 模型求解方法与求解工具

在求解过程中采用隶属函数法将产能优化成本最低和全要素生产率增长率最大两个目标采用线性加权法转化为单目标函数:

$$\max Q = \omega_1 Q_1 + \omega_2 Q_2 \tag{5.46}$$

式中:ω_1、ω_2 为计算权重;Q_1 和 Q_2 分别为产能优化成本和全要素生产率增长率两个目标的隶属度。

$$Q_1 = \begin{cases} 1, & \mathrm{TC} \leqslant \mathrm{TC}_{\min} \\ \dfrac{\mathrm{TC}_{\max} - \mathrm{TC}}{\mathrm{TC}_{\max} - \mathrm{TC}_{\min}}, & \mathrm{TC}_{\min} \leqslant \mathrm{TC} \leqslant \mathrm{TC}_{\max} \\ 0, & \mathrm{TC} \geqslant \mathrm{TC}_{\max} \end{cases} \tag{5.47}$$

$$Q_2 = \begin{cases} 1, & \mathrm{T\dot{F}P} \geqslant \mathrm{T\dot{F}P}_{\max} \\ \dfrac{\mathrm{T\dot{F}P} - \mathrm{T\dot{F}P}_{\min}}{\mathrm{T\dot{F}P}_{\max} - \mathrm{T\dot{F}P}_{\min}}, & \mathrm{T\dot{F}P}_{\min} \leqslant \mathrm{T\dot{F}P} \leqslant \mathrm{T\dot{F}P}_{\max} \\ 0, & \mathrm{T\dot{F}P} \leqslant \mathrm{T\dot{F}P}_{\min} \end{cases} \tag{5.48}$$

式中:TC 为煤炭产能优化成本,其中 $\mathrm{TC}_{\min}$ 和 $\mathrm{TC}_{\max}$ 分别为可能的最小值与最大值; $\mathrm{T\dot{F}P}$ 为煤炭产能全要素生产率增长率,其中 $\mathrm{T\dot{F}P}_{\min}$ 与 $\mathrm{T\dot{F}P}_{\max}$ 分别为可能的最小值与最大值。

LINGO(Linear Interactive and General Optimizer)是美国 LINDO 系统公司开发的一套专门用于求解最优化问题的软件包,同时也是一种最优化问题的建模语言。该软件包内置了常用函数可直接调用,以及开放的数据文件接口,便于批量数据的输入、求解和分析大规模最优化问题。本节运用 LINGO 软件编写程序求解得到各省份煤炭产能分配优化方案。详细模型求解过程如下:①依据式(5.29)和式(5.35)分别计算得到煤炭产能优化成本最小值和最大值,以及全要素生产率增长率的最小值和最大值;②依据式(5.46)～式(5.48)分别测算煤炭产能优化成本和全要素生产率增长率两个目标对应的隶属度,进而确定最佳的煤炭产能优化方案，使得加权隶属度最大，得到各省份煤炭产能优化方案及成本。

5.2.4 模型检验

1. 煤炭产能利用率检验

依据各省份煤炭产量、煤炭采选业从业人数及煤炭采选业资本存量数据，基于 EViews12.0 软件先进行单位根检验和协整检验，进而应用 C-D 生产函数法，拟合得到各省份回归系数，计算得到煤炭行业边界生产函数，进而得到各省份煤炭产能利用率。

1) 单位根检验

为避免面板序列存在伪回归问题，采用面板单位根检验，以综合利用时间序列和截面信息来增强检验力度。

据式(5.5)分别采用 LLC 检验、Breitung 检验、IPS 检验、ADF-Fisher 检验、PP-Fisher 检验五种，对 $\ln Y$ 、$\ln K$ 及 $\ln L$ 面板序列的水平值和一阶差分进行检验，结果见表 5.3。

表 5.3 面板序列的单位根检验

检验方法	水平值			一阶差分		
	$\ln Y$	$\ln K$	$\ln L$	$D\ln Y$	$D\ln K$	$D\ln L$
LLC 检验	0.20018	−1.21039	1.33075	−30.9493	−21.5146	−2.81404
	(0.5793)	(0.1131)	(0.9084)	(0.0000)	(0.0000)	(0.0024)
Breitung 检验	0.25456	−2.99166	−2.31481	−17.7126	−24.4784	2.32194
	(0.6005)	(0.0014)	(0.0103)	(0.0000)	(0.0000)	(0.9899)
IPS 检验	0.76217	−0.52116	−2.45189	−28.3738	−22.8689	−3.45858
	(0.7770)	(0.3011)	(0.0071)	(0.0000)	(0.0000)	(0.0003)
ADF-Fisher 检验	55.5612	39.7462	75.5166	560.015	432.880	113.940
	(0.1578)	(0.7303)	(0.0039)	(0.0000)	(0.0000)	(0.0000)
PP-Fisher 检验	58.1669	35.8162	8.57214	827.644	481.675	127.903
	(0.1076)	(0.8602)	(1.0000)	(0.0000)	(0.0000)	(0.0000)

由表 5.3 可知，$\ln Y$ 、$\ln K$ 及 $\ln L$ 面板序列水平值有单位根，同时一

阶差分后序列平稳，说明检验结果良好，通过了单位根检验。此外，通过对 Y 、K 及 L 原值重复检验，均得到类似的检验结果。

2) 协整检验

为避免面板序列存在虚假回归问题，基于计量理论分别采用 Pedroni 检验和 Kao 检验，对 $\ln Y$ 、$\ln K$ 及 $\ln L$ 面板序列进行协整检验，以验证煤炭产出与资本存量、劳动力投入之间存在长期的均衡关系。面板序列的协整检验结果，见表 5.4。

表 5.4 面板序列的协整检验

检验方法		统计检验量	p
Pedroni 检验	Panel v-Statistic	2.895300	0.0019
	Panel rho-Statistic	–3.520986	0.0002
	Panel PP-Statistic	–4.965716	0.0000
	Panel ADF-Statistic	–4.112093	0.0000
	Group rho-Statistic	–2.276016	0.0114
	Group pp-Statistic	–5.286724	0.0000
	Group ADF-Statistic	–4.379002	0.0000
Kao 检验	ADF	1.292308	0.0981

由表 5.4 可知，无论是 Pedroni 检验还是 Kao 检验均拒绝不存在协整关系的原假设，说明 $\ln Y$ 、$\ln K$ 及 $\ln L$ 面板序列之间存在协整关系，可以进行面板回归求取弹性系数。

3) 检验结果

依据 5.2.1 节，对面板序列进行系数、变截距及混合模型回归分析，结果如下：SSE1=63.9345、SSE2=154.2890、SSE3=199.4110。进一步计算得出 F1=82.716、F2=192.687。首先，检验原假设 H2，F2=82.716＞$F_{0.05}(66,667)$=1.3237，可见拒绝原假设 H2，不选择混合模型；然后，检验原假设 H1，F1=192.687＞$F_{0.05}(44,667)$= 1.3935，综上，选择变系数固定效应面板模型。

基于 1990～2020 年历史数据估算各省份煤炭产能数据，并以

1900～2020 年各省份煤炭实际产能数据验证模型估算结果。基于面板数据回归结果，得到煤炭边界生产函数弹性系数及 2020 年煤炭产能理论数据，见表 5.5。

表 5.5　面板数据回归分析及煤炭产能估算

省份	$\hat{\alpha}$	$\hat{\beta}$	$\hat{\lambda}$	a^*	煤炭产能/(万 t/a)			相对误差/%
					2020 年(理论)	2020 年(实际)	误差	
河北	0.174	0.578	0.591	6.377	7412	7299	113	1.5
山西	0.363	0.004	0.349	8.570	143271	141931	1340	0.9
内蒙古	0.358	0.009	0.872	9.087	131307	129705	1602	1.2
辽宁	0.019	0.854	0.611	5.899	4084	3864	220	5.7
吉林	0.153	1.368	0.680	4.235	2423	2308	115	5.0
黑龙江	0.191	0.852	0.655	5.443	10312	10856	–544	–5.0
江苏	0.161	0.471	0.397	6.237	1112	1089	23	2.1
安徽	0.410	0.035	0.619	6.390	13291	13341	–50	–0.4
福建	0.024	0.022	1.085	6.655	906	984	–78	–7.9
江西	0.183	1.760	0.545	3.868	706	762.74	–56.74	–7.4
山东	0.343	0.274	0.510	6.359	14516	14078	438	3.1
河南	0.221	0.308	0.759	7.040	15909	15515	394	2.5
湖北	0.373	2.702	1.130	0.914	336	306	30	9.8
湖南	0.135	1.093	0.775	5.008	1817	1895	–78	–4.1
广西	0.105	0.103	1.678	6.620	891	812	79	9.7
四川	0.062	1.186	1.102	5.730	7756	7459	297	4.0
贵州	0.450	0.128	0.736	6.543	38541	38103	438	1.1
云南	0.120	0.200	1.597	8.467	12569	12350	219	1.8
陕西	0.259	0.506	0.825	7.429	79117	73610	5507	7.5
甘肃	0.160	0.271	1.379	7.483	8286	8245	41	0.5
青海	0.023	0.092	1.747	7.244	1729	1670	59	3.5

续表

省份	$\hat{\alpha}$	$\hat{\beta}$	$\hat{\lambda}$	a^*	煤炭产能/(万 t/a)			相对误差/%
					2020 年(理论)	2020 年(实际)	误差	
宁夏	0.395	0.115	0.647	6.440	12813	12670	143	1.1
新疆	0.482	0.291	0.542	6.377	39982	39530	452	1.1

注：2020 年煤炭实际产能数据依据国家矿山安全监察局公布数据统计。

由表 5.5 可知，模型预测 2020 年理论煤炭产能与实际煤炭产能相对误差均较小，说明模型预测结果合理。

依据式(5.3)，基于各省份煤炭产能测算结果和煤炭产量数据，计算得到各省份煤炭产能利用率，分析全国 23 个产煤省份加权产能利用率变化情况，如图 5.2 所示。

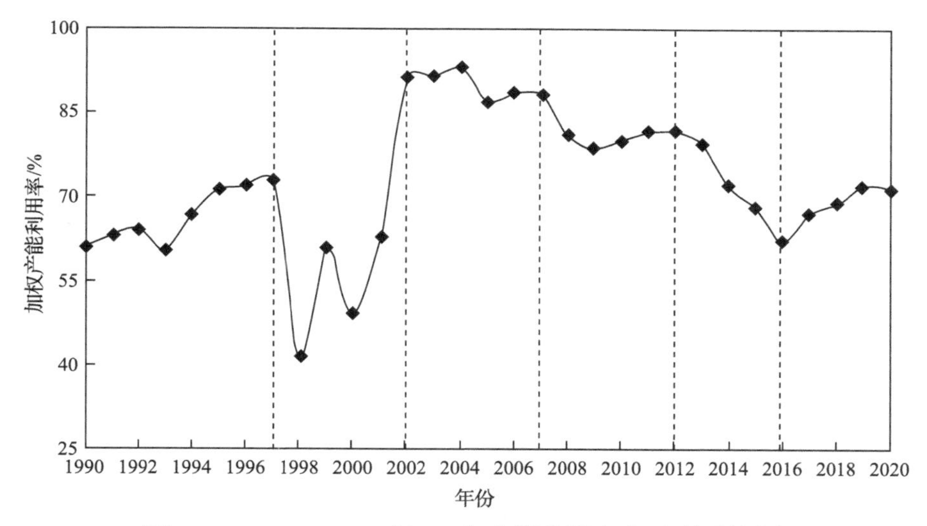

图 5.2 1990～2020 年 23 个产煤省份加权产能利用率

由图 5.2 可知，我国主要产煤省份平均产能利用率整体不高，仅为 72.6%，相较于美国等发达国家还有一定差距。根据煤炭产能利用率周期波动变化趋势，可分为六个阶段：第一阶段(1990～1997 年)，社会经济发展对煤炭需求激增，推动煤炭产能利用率整体呈现上升趋势，但限于煤炭粗放式开采，技术落后，产能利用水平较低。第二阶段(1998～

2002 年)，在煤炭行业粗放发展政策的驱动下，全国各地小煤矿数量激增，发展质量降低导致供需失衡，煤炭产能过剩严重，此后国家出台整顿措施效果显现，煤炭产能利用率趋于快速增加。第三阶段(2003～2007 年)，国家撤销煤炭工业部，把重点煤矿下放地方，放开煤价促进煤炭市场化，加大政策支持，煤炭产能利用率整体处于较高的水平；第四阶段(2008～2012 年)，受全球金融危机影响，煤炭产能利用率呈现下降趋势，逐步降低到 2009 年的 75.5%，但随着国家扩大内需推动经济发展，产能利用率呈现增加趋势；第五阶段(2013～2016 年)，煤炭产能过剩严重，产能利用率快速降低到 2016 年的 62.1%；第六阶段(2017～2020 年)，为化解煤炭过剩产能，国家出台了严厉的煤炭“去产能”政策，并取得显著成效，煤炭产能利用率逐步提高直至 2020 年的 71.5%。依据国家矿山安全监察局统计我国 2020 年煤炭产能为 54.0 亿 t/a，而 2020 年煤炭产量为 39.0 亿 t，产能利用率为 72.2%，由此说明估算结果是合理的。

2. 全要素生产率增长率检验

基于表 5.5 回归结果直接代入式(5.35)可测算全要素生产率增长率，全国 23 个产煤省份加权全要素生产率增长率结果，如图 5.3 所示。

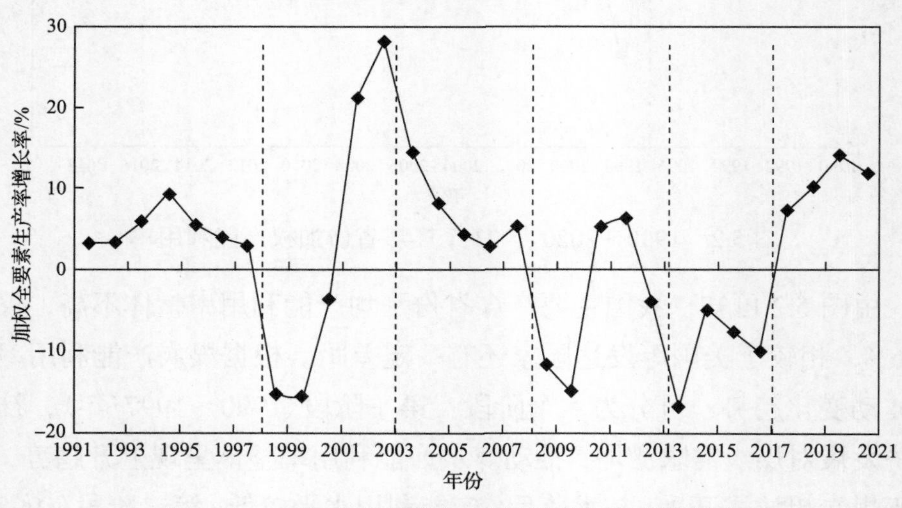

图 5.3　23 个产煤省份加权全要素生产率增长率

由图 5.3 结合煤炭产能利用率阶段波动特征可知，全要素生产率增长率波动与行业发展实际相吻合。1990～1994 年，随着国家逐步放开煤价管制，煤炭行业快速发展，全要素生产率增长率逐步增加，到 1994 年全要素生产率增长率达到 9.6%，随后粗放式增长的弊端逐步显现，全要素生产率增长率开始下降，1999 年达到阶段性最低点–15.9%。自 2000 年开始，煤炭行业逐渐回暖，煤炭市场化改革，加大煤矿治理力度及小煤矿关闭整顿，引进先进技术措施，煤炭行业迈入“黄金十年”，全要素生产率增长率在 2002 年达到最大值 28.3%，此后随着大量资本涌入，投资盲目增加，产能过剩问题逐步显现，全要素生产率增长率呈现逐步降低的趋势，受 2008 年世界金融危机影响，全要素生产率增长率在 2009 年降低到–15.2%。此后，在国家经济刺激政策推动下，煤炭行业全要素生产率增长率止跌增长，2011 年达到阶段性最高点 6.7%。2012 年后，受国内外经济形势、产能过剩等多重因素影响，煤炭陷入周期性不景气，全要素生产率增长率快速降低到 2013 的–17.1%。自 2014 年起国家出台限产政策，淘汰落后产能，以调节煤炭供需，但实际效果并不理想，全要素生产率增长率有所回升，但增长率依旧为负，直至 2016 年国家出台了一系列全面的“去产能”政策，全要素生产率增长率快速增加，到 2019 年增长到 14.4%，而 2020 年我国提出碳达峰碳中和战略，影响了市场对煤炭行业的投资，全要素生产率增长率有所降低。

5.3 煤炭产能与储备产能优化布局结果分析

5.3.1 煤炭产能优化布局结果分析

1. 煤炭产能优化布局方案

依据 5.2 节构建的多目标动态规划模型，应用 LINGO 软件求解得到 23 个省份煤炭产能优化布局方案，具体步骤为：①依据式(5.45)～式(5.47)分别求解得到历年煤炭产能优化成本和全要素生产率增长率最大值和最小值；②基于隶属函数法，按煤炭产能优化布局的总成本和全要素生产率增长率同等重要，因此设置偏好权重[ω_1， ω_2]=[0.5, 0.5]，编程求解得到各省份煤炭产能优化布局方案，为了便于展示，仅列出每隔 5 年的结果，见表 5.6 和图 5.4。

表 5.6　煤炭产能优化布局方案(亿 t/a)

省份	2025 年	2030 年	2035 年	2040 年	2045 年	2050 年	2055 年	2060 年
河北	0.746	0.765	0.618	0.406	0.229	0.139	0.093	0.073
山西	15.781	16.662	15.633	14.062	12.450	11.008	9.753	8.640
内蒙古	14.622	15.368	14.420	13.224	11.983	10.599	9.271	8.059
辽宁	0.413	0.368	0.311	0.268	0.224	0.207	0.185	0.169
吉林	0.189	0.141	0.052	0.021	0.000	0.000	0.000	0.000
黑龙江	0.990	0.855	0.721	0.558	0.418	0.295	0.219	0.141
江苏	0.089	0.066	0.048	0.040	0.037	0.031	0.027	0.020
安徽	1.321	1.123	0.863	0.623	0.405	0.305	0.219	0.182
福建	0.075	0.063	0.052	0.046	0.037	0.032	0.026	0.020
江西	0.063	0.043	0.019	0.000	0.000	0.000	0.000	0.000
山东	1.527	1.416	1.193	0.963	0.764	0.548	0.469	0.332
河南	1.417	1.275	1.104	0.809	0.553	0.355	0.266	0.221
湖北	0.025	0.019	0.000	0.000	0.000	0.000	0.000	0.000
湖南	0.150	0.121	0.073	0.043	0.025	0.000	0.000	0.000
广西	0.074	0.058	0.041	0.029	0.011	0.000	0.000	0.000
四川	0.706	0.674	0.546	0.365	0.253	0.119	0.057	0.023
贵州	4.233	4.196	3.651	2.884	2.180	1.498	0.896	0.485
云南	1.013	0.869	0.620	0.447	0.314	0.225	0.185	0.145
陕西	8.868	9.431	8.346	6.791	5.143	3.581	2.350	1.257
甘肃	0.913	0.851	0.639	0.408	0.259	0.235	0.228	0.204
青海	0.135	0.108	0.075	0.057	0.036	0.020	0.000	0.000

续表

省份	2025 年	2030 年	2035 年	2040 年	2045 年	2050 年	2055 年	2060 年
宁夏	1.375	1.235	0.985	0.695	0.423	0.238	0.159	0.129
新疆	5.094	4.896	4.636	4.138	3.196	2.310	1.471	0.775
总产能	59.819	60.603	54.646	46.877	38.940	31.745	25.874	20.875

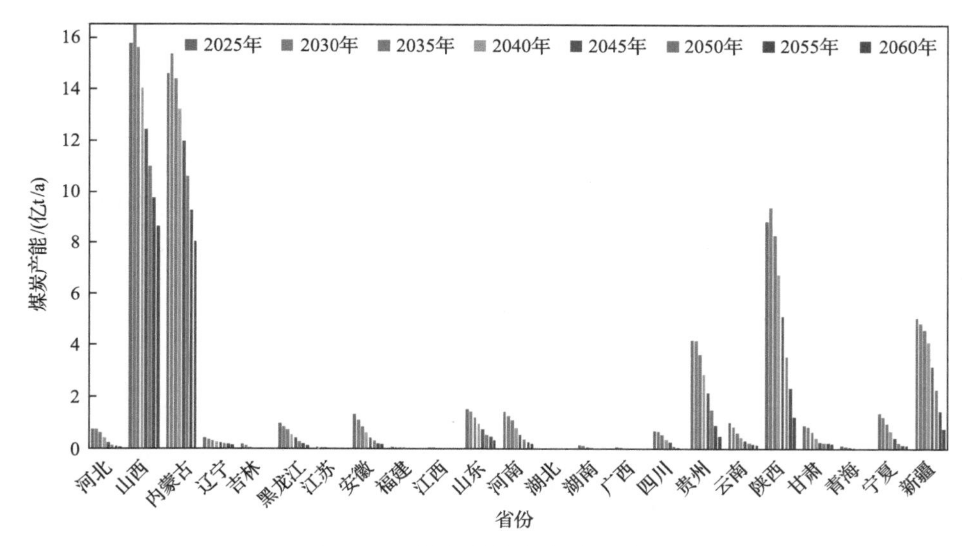

图 5.4 煤炭产能优化布局方案

1)煤炭产能布局总体规模

由表 5.6 和图 5.4 可知，全国煤炭产能布局规模分别为 2025 年 59.819 亿 t/a，2030 年 60.603 亿 t/a，2035 年 54.646 亿 t/a，2040 年 46.877 亿 t/a，2045 年 38.940 亿 t/a，2050 年 31.745 亿 t/a，2055 年 25.874 亿 t/a，2060 年 20.875 亿 t/a，整体呈现先增加，在 2030 年前后达到峰值 60 亿 t/a 左右，而后呈现逐渐降低的趋势。

2)煤炭产能布局区域分布

各省份煤炭产能布局规模变化趋势与全国整体变化趋势较为一致。我国煤炭产能布局总体呈现由东部(黑龙江、吉林、辽宁、河北、山东、江苏、福建 7 省份)向中部(山西、河南、湖南、湖北、安徽、江西 6 省份)、西部(内蒙古、陕西、甘肃、宁夏、新疆、青海、四川、贵州、云南、广西 10 省份）转移集中，煤炭产能东、中、西部区域布局规模，2025 年分别为 4.029 亿 t/a、18.757 亿 t/a、37.033 亿 t/a，2030 年分别为 3.674 亿 t/a、19.243 亿 t/a、37.686 亿 t/a，2035 年分别为 2.995 亿 t/a、17.692 亿 t/a、33.959 亿 t/a，2060 年分别为 0.755 亿 t/a、9.043 亿 t/a、11.077 亿 t/a。

3）重点省份煤炭产能布局

山西、内蒙古、贵州、陕西、新疆是主要产煤省份，合计煤炭产能及占全国总产能的比例分别为：2025 年 48.598 亿 t/a（81.2%），2030 年 50.553 亿 t/a（83.4%），2035 年 46.686 亿 t/a（85.4%），2040 年 41.099 亿 t/a（87.7%），2045 年 34.952 亿 t/a（89.8%），2050 年 28.996 亿 t/a（91.3%），2055 年 23.741 亿 t/a（91.8%），2060 年 19.216 亿 t/a（92.1%），如图 5.5 所示。

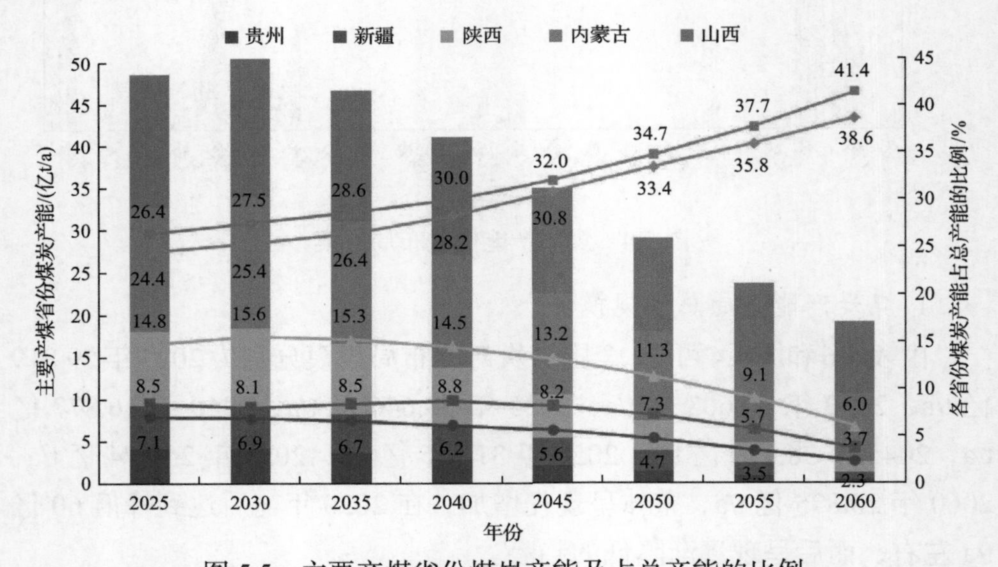

图 5.5　主要产煤省份煤炭产能及占总产能的比例

注：2030 年、2035 年、2050 年、2060 年各省份产能占比之和与对应年 5 省份产能之和占总产能的比例不相等，是数据四舍五入导致

2. 煤炭产能优化调整规模

模型模拟得到煤炭产能优化调整规模，见表 5.7 和图 5.6。

表 5.7 煤炭产能优化调整规模(百万 t/a)

省份	2021～2025 年	2026～2030 年	2031～2035 年	2036～2040 年	2041～2045 年	2046～2050 年	2051～2055 年	2056～2060 年
河北	–1.60	–1.86	14.63	21.25	17.68	9.03	4.51	2.10
山西	–158.83	–88.08	102.88	157.12	161.19	144.23	125.53	111.23
内蒙古	–165.10	–74.63	94.77	119.59	124.08	138.43	132.81	121.23
辽宁	–2.66	4.51	5.70	4.30	4.35	1.71	2.28	1.58
吉林	4.15	4.83	8.93	3.05	2.12	0.00	0.00	0.00
黑龙江	9.54	13.48	13.43	16.35	13.99	12.25	7.58	7.86
江苏	1.96	2.37	1.73	0.85	0.26	0.64	0.38	0.67
安徽	1.33	19.79	26.00	23.95	21.88	9.98	8.58	3.70
福建	2.39	1.18	1.06	0.64	0.91	0.46	0.62	0.64
江西	1.37	1.91	2.41	1.94	0.00	0.00	0.00	0.00
山东	–11.97	11.18	22.22	23.07	19.84	21.69	7.89	13.66
河南	13.48	14.22	17.06	29.53	25.55	19.84	8.92	4.41
湖北	0.58	0.54	1.93	0.00	0.00	0.00	0.00	0.00
湖南	3.91	2.97	4.81	2.93	1.79	2.53	0.00	0.00
广西	0.68	1.59	1.71	1.19	1.84	1.11	0.00	0.00
四川	4.03	3.18	12.79	18.08	11.25	13.38	6.17	3.39
贵州	–42.25	3.64	54.51	76.75	70.40	68.19	60.19	41.09
云南	22.23	14.41	24.91	17.21	13.35	8.85	4.09	3.92
陕西	–150.67	–56.30	108.46	155.54	164.75	156.25	123.03	109.35
甘肃	–8.89	6.20	21.22	23.15	14.86	2.46	0.65	2.45
青海	3.17	2.71	3.27	1.87	2.04	1.68	1.95	0.00
宁夏	–10.77	13.99	24.99	28.99	27.22	18.47	7.95	2.98
新疆	–114.08	19.78	26.02	49.77	94.21	88.64	83.83	69.64
总产能	–598.00	–78.39	595.44	777.12	793.56	719.82	586.96	499.90

注：正值表示煤炭产能减少，负值表示煤炭产能增加。

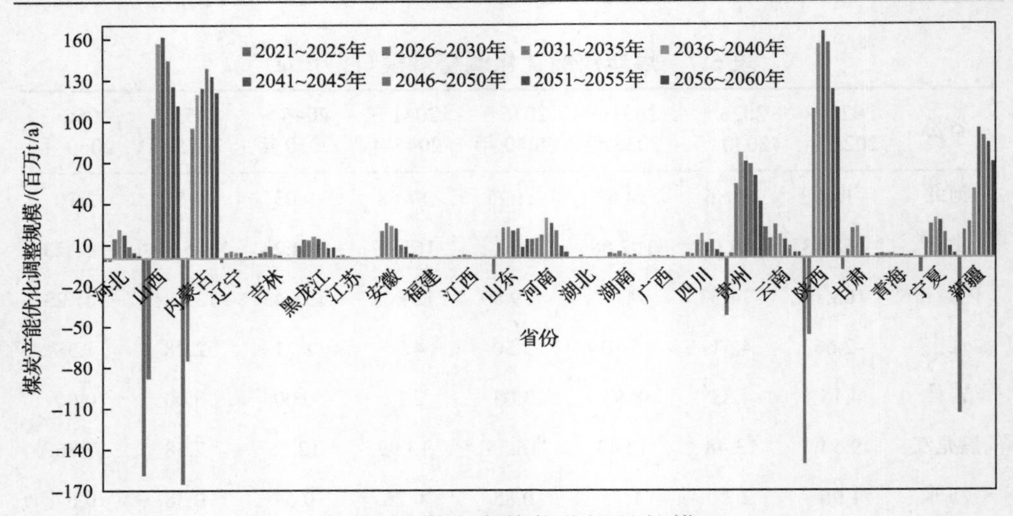

图 5.6 煤炭产能优化调整规模

1)煤炭产能优化调整总体规模

由表 5.7 和图 5.6 可知，煤炭产能优化调整规模分别为 2021～2025 年–5.980 亿 t/a，2026～2030 年–0.784 亿 t/a，2031～2035 年 5.954 亿 t/a，2036～2040 年 7.771 亿 t/a，2041～2045 年 7.936 亿 t/a，2046～2050 年 7.198 亿 t/a，2051～2055 年 5.870 亿 t/a，2056～2060 年 4.999 亿 t/a。2025 年前煤炭产能增长主要在河北、山西、内蒙古、辽宁、山东、贵州、陕西、甘肃、宁夏、新疆 10 省份，2025～2030 年煤炭产能增长主要集中在河北、山西、内蒙古、陕西 4 省份，而 2030 年后各省份煤炭产能均呈现产能净减少趋势。

2)煤炭产能优化调整规模区域分布

煤炭产能优化调整规模区域布局总体呈现由东部向中西部转移集中，由东部到中西部规模逐渐增大。东部地区煤炭产能优化调整呈现产能净减少趋势，而中西部地区煤炭产能在 2030 年前呈现增长趋势，其后呈现净减少趋势。东、中、西部区域煤炭产能优化调整规模，2021～2025 年分别为 0.018 亿 t/a、–1.382 亿 t/a、–4.617 亿 t/a，2026～2030 年分别为 0.357 亿 t/a、–0.487 亿 t/a、–0.654 亿 t/a，2031～2035 年分别为 0.677 亿 t/a、1.551 亿 t/a、3.727 亿 t/a，2056～2060 年分别为 0.265 亿

t/a、1.193 亿 t/a、3.541 亿 t/a。

3）重点省份煤炭产能优化调整

山西、内蒙古、贵州、陕西、新疆是主要产煤省份，产能优化调整规模分别为：2021～2025 年–6.309 亿 t/a，2026～2030 年–1.956 亿 t/a，2031～2035 年 3.866 亿 t/a，2036～2040 年 5.588 亿 t/a，2041～2045 年 6.146 亿 t/a，2046～2050 年 5.957 亿 t/a，2051～2055 年 5.254 亿 t/a，2056～2060 年 4.525 亿 t/a。主要产煤省份煤炭产能优化调整规模如图 5.7 所示。

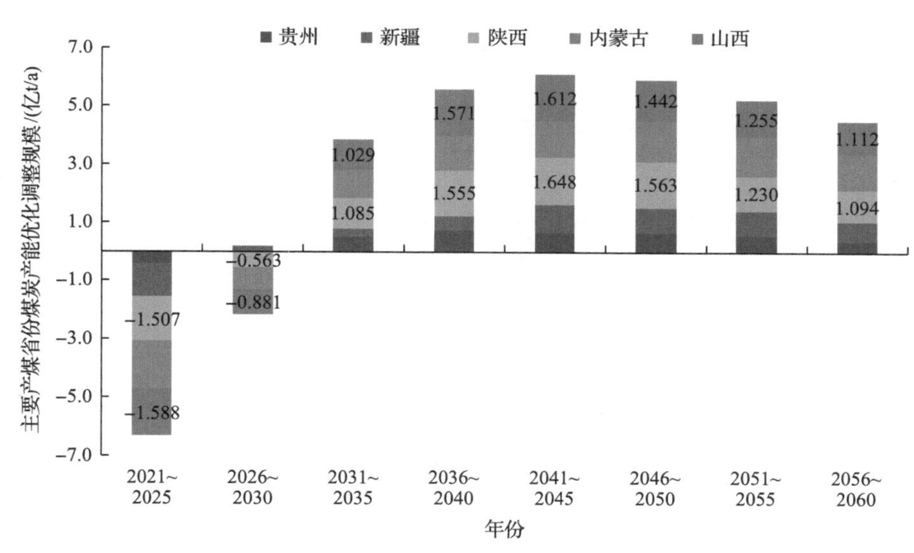

图 5.7 主要产煤省份煤炭产能优化调整规模

3. 煤炭产能优化布局成本

依据多目标动态规划模型，模拟得到煤炭产能优化调整对应的资产损失、人员社会成本和总成本见表 5.8。

1）煤炭产能优化布局总成本

由表 5.8 可知，煤炭产能优化布局总成本分别为：2021～2025 年–1889.2 亿元，2026～2030 年 874.3 亿元，2031～2035 年 5189.0 亿元，2036～2040 年 5844.9 亿元，2041～2045 年 5383.4 亿元，2046～2050

表 5.8　煤炭产能优化布局成本及构成（亿元）

省份	2021～2025 年			2026～2030 年			2031～2035 年			2036～2040 年		
	固定资产	社会成本	总成本	固定资产	社会成本	总成本	固定资产	社会成本	总成本	固定资产	社会成本	总成本
河北	−20.1	−1.0	−21.1	−23.5	−1.2	−24.7	184.4	9.2	193.6	267.9	13.3	281.2
山西	−789.2	−21.0	−810.2	−437.7	−11.7	−449.4	511.2	13.6	524.8	780.7	20.8	801.5
内蒙古	−664.8	−7.3	−672.1	−300.5	−3.3	−303.8	381.6	4.2	385.8	481.5	5.3	486.8
辽宁	−23.4	−3.8	−27.2	39.7	6.5	46.2	50.2	8.2	58.4	37.9	6.2	44.1
吉林	79.2	4.7	83.9	92.0	5.4	97.4	170.3	10.1	180.3	58.1	3.4	61.5
黑龙江	124.1	3.9	128.0	175.4	5.6	181.0	174.7	5.6	180.4	212.7	6.8	219.5
江苏	27.4	1.2	28.6	33.1	1.4	34.5	24.2	1.0	25.2	11.9	0.5	12.4
安徽	14.1	0.3	14.4	209.7	4.6	214.3	275.5	6.1	281.6	253.7	5.6	259.3
福建	114.5	1.8	116.3	56.4	0.9	57.3	51.0	0.8	51.8	30.6	0.5	31.1
江西	70.0	1.5	71.5	97.5	2.1	99.6	122.7	2.7	125.4	98.8	2.2	101.0
山东	−100.3	−6.4	−106.7	93.7	6.0	99.7	186.2	11.9	198.1	193.3	12.3	205.6
河南	182.4	7.0	189.4	192.4	7.3	199.7	230.8	8.8	239.6	399.6	15.2	414.8
湖北	56.8	2.0	58.8	53.2	1.9	55.1	189.1	6.8	195.9	0.0	0.0	0.0
湖南	349.6	2.5	352.1	265.8	1.9	267.7	430.1	3.0	433.1	261.9	1.9	263.8

续表

省份	2021～2025 年			2026～2030 年			2031～2035 年			2036～2040 年		
	固定资产	社会成本	总成本	固定资产	社会成本	总成本	固定资产	社会成本	总成本	固定资产	社会成本	总成本
广西	11.2	0.2	11.4	26.1	0.5	26.7	28.1	0.5	28.6	19.5	0.4	19.9
四川	72.9	1.6	74.5	57.4	1.3	58.7	231.4	5.2	236.6	327.0	7.4	334.4
贵州	–393.9	–3.2	–397.1	34.0	0.3	34.3	508.2	4.2	512.4	715.6	5.9	721.5
云南	283.2	0.7	283.9	183.5	0.5	184.0	317.3	0.8	318.1	219.2	0.6	219.8
陕西	–694.6	–21.2	–715.8	–259.6	–7.9	–267.5	500.0	15.3	515.3	717.0	21.9	738.9
甘肃	–69.2	–1.9	–71.1	48.3	1.3	49.6	165.1	4.6	169.7	180.1	5.0	185.1
青海	25.9	1.9	27.8	22.2	1.6	23.8	26.7	1.9	28.6	15.3	1.1	16.4
宁夏	–89.1	–1.6	–90.7	115.7	2.1	117.8	206.7	3.7	210.4	239.8	4.3	244.1
新疆	–407.2	–10.6	–417.8	70.6	1.8	72.4	92.9	2.4	95.3	177.6	4.6	182.2
总计	–1840.5	–48.7	–1889.2	845.4	28.9	874.3	5058.4	130.6	5189.0	5699.7	145.2	5844.9
省份	2041～2045 年			2046～2050 年			2051～2055 年			2056～2060 年		
	固定资产	社会成本	总成本	固定资产	社会成本	总成本	固定资产	社会成本	总成本	固定资产	社会成本	总成本
河北	222.8	11.1	233.9	113.8	5.6	119.4	56.9	2.8	59.7	26.5	1.3	27.8
山西	800.9	21.4	822.3	716.7	19.1	735.8	623.8	16.6	640.4	552.7	14.7	567.4

续表

省份	2041~2045年			2046~2050年			2051~2055年			2056~2060年		
	固定资产	社会成本	总成本	固定资产	社会成本	总成本	固定资产	社会成本	总成本	固定资产	社会成本	总成本
内蒙古	499.6	5.5	505.1	557.4	6.1	563.5	534.7	5.9	540.6	488.1	5.4	493.5
辽宁	38.3	6.3	44.6	15.0	2.5	17.5	20.1	3.3	23.4	13.9	2.3	16.2
吉林	40.5	2.4	42.9	0.0	0.0	0.0	0.0	0.0	0.0	0.0	0.0	0.0
黑龙江	182.1	5.8	187.9	159.4	5.1	164.5	98.6	3.1	101.7	102.3	3.3	105.6
江苏	3.6	0.2	3.8	9.0	0.4	9.4	5.2	0.2	5.4	9.4	0.4	9.8
安徽	231.8	5.1	236.9	105.7	2.3	108.0	90.9	2.0	92.9	39.2	0.9	40.1
福建	43.5	0.7	44.2	22.2	0.3	22.5	29.7	0.5	30.2	30.7	0.5	31.2
江西	0.0	0.0	0.0	0.0	0.0	0.0	0.0	0.0	0.0	0.0	0.0	0.0
山东	166.3	10.6	176.9	181.8	11.6	193.4	66.1	4.2	70.3	114.5	7.3	121.8
河南	345.8	13.2	358.9	268.5	10.2	278.7	120.6	4.6	125.2	59.7	2.3	62.0
湖北	0.0	0.0	0.0	0.0	0.0	0.0	0.0	0.0	0.0	0.0	0.0	0.0
湖南	160.0	1.1	161.1	226.4	1.6	228.0	0.0	0.0	0.0	0.0	0.0	0.0
广西	30.2	0.6	30.8	0.0	0.0	0.0	0.0	0.0	0.0	0.0	0.0	0.0
四川	203.5	4.6	208.1	242.1	5.5	247.6	111.6	2.5	114.1	61.3	1.4	62.7

续表

省份	2041～2045 年			2046～2050 年			2051～2055 年			2056～2060 年		
	固定资产	社会成本	总成本	固定资产	社会成本	总成本	固定资产	社会成本	总成本	固定资产	社会成本	总成本
贵州	656.4	5.4	661.8	635.8	5.2	641.0	561.2	4.6	565.8	383.1	3.1	386.2
云南	170.0	0.4	170.4	112.7	0.3	113.0	52.1	0.1	52.2	50.0	0.1	50.1
陕西	759.5	23.2	782.7	720.3	22.0	742.3	567.2	17.3	584.5	504.1	15.4	519.5
甘肃	115.6	3.2	118.8	19.1	0.5	19.6	5.1	0.1	5.2	19.1	0.5	19.6
青海	16.7	1.2	17.9	13.7	1.0	14.7	15.9	1.1	17.0	0.0	0.0	0.0
宁夏	225.2	4.1	229.3	152.8	2.8	155.6	65.7	1.2	66.9	24.7	0.4	25.1
新疆	336.3	8.7	345.0	316.4	8.2	324.6	299.2	7.8	307.0	248.6	6.4	255.0
总计	5248.6	134.8	5383.4	4588.8	110.3	4699.1	3324.6	77.9	3402.5	2727.9	65.7	2793.6

年 4699.1 亿元，2051～2055 年 3402.5 亿元，2056～2060 年 2793.6 亿元。其中，固定资产分别为：2021～2025 年–1840.5 亿元，2026～2030 年 845.4 亿元，2031～2035 年 5058.4 亿元，2036～2040 年 5699.7 亿元，2041～2045 年 5248.6 亿元，2045～2050 年 4588.8 亿元，2051～2055 年 3324.6 亿元，2056～2060 年 2727.9 亿元；社会成本分别为：2021～2025 年–48.7 亿元，2026～2030 年 28.9 亿元，2031～2035 年 130.6 亿元，2036～2040 年 145.2 亿元，2041～2045 年 134.8 亿元，2046～2050 年 110.3 亿元，2051～2055 年 77.9 亿元，2056～2060 年 65.7 亿元。在煤炭产能优化布局过程中，固定资产的损失或增加占总成本的比例为 96.7%～97.7%，对应的社会成本减少或增加占总成本的比例为 2.3%～3.3%。

2) *煤炭产能优化布局成本区域分布*

煤炭产能优化布局成本区域分布与煤炭产能优化调整规模密切相关。东部地区煤炭产能优化布局呈现产能净减少趋势，对应固定资产损失、社会成本增加及总成本分别为：2021～2025 年 201.4 亿元、0.4 亿元、201.8 亿元，2026～2030 年 466.8 亿元、24.6 亿元、491.4 亿元，2031～2035 年 841.0 亿元、46.8 亿元、887.8 亿元，2055～2060 年 297.3 亿元、15.1 亿元、312.4 亿元。中部地区煤炭产能优化调整规模在 2025 年前呈现增长趋势，其后则呈现产能净减少趋势，对应的固定资产增加或损失、社会成本增加或减少及总成本的变化分别为：2021～2025 年–116.3 亿元、–7.7 亿元、–124.0 亿元，2026～2030 年 380.9 亿元、6.1 亿元、387.0 亿元，2031～2035 年 1759.4 亿元、41.0 亿元、1800.4 亿元，2055～2060 年 651.6 亿元、17.9 亿元、669.3 亿元。西部地区煤炭产能优化调整规模在 2030 年前呈现增长趋势，其后则呈现产能净减少趋势，对应的固定资产增加或损失、社会成本增加或减少及总成本的变化分别为：2021～2025 年–1925.6 亿元、–41.4 亿元、–1967.0 亿元，2026～2030 年–2.3 亿元、–1.8 亿元、–4.1 亿元，2031～2035 年 2458.0 亿元、42.8 亿元、2500.8 亿元，2055～2060 年 1779.0 亿元、32.7 亿元、1811.7 亿元。

3) 重点省份煤炭产能优化布局成本

山西、内蒙古、贵州、陕西和新疆是主要产煤省份，其产能优化布局成本，如图 5.8 所示。综合各省份煤炭产能优化布局的固定资产损失或增加占总成本的比例为 97.0%～99.2%，而对应的社会成本减少或增加占总成本的比例为 0.82%～3.0%。

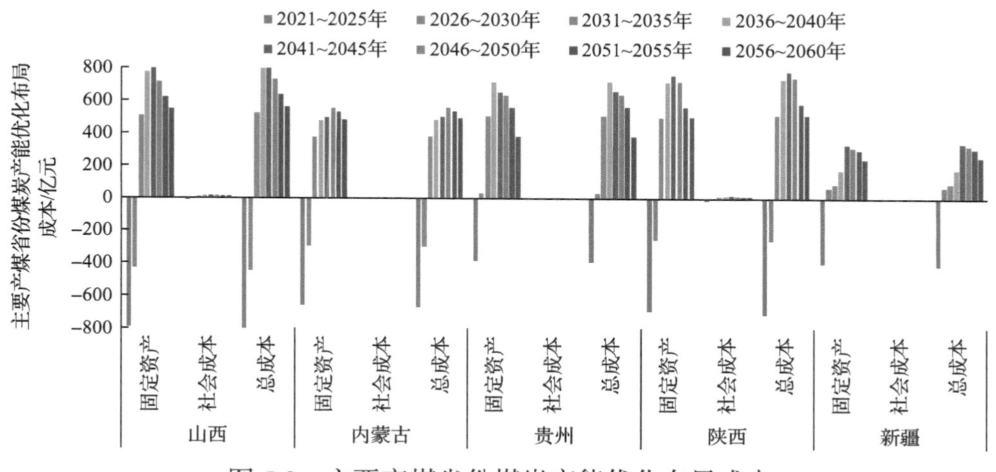

图 5.8 主要产煤省份煤炭产能优化布局成本

5.3.2 煤炭储备产能优化布局结果分析

1. 煤炭储备产能优化布局方案

基于多目标动态规模模型，依据式(5.2)求解得到 23 个省份煤炭储备产能规模，见表 5.9 和图 5.9。

1) 煤炭储备产能优化布局总体规模

通过表 5.9 和图 5.9 可知，煤炭储备产能分别为：2025 年 5.724 亿 t/a，2030 年 7.427 亿 t/a，2035 年 7.034 亿 t/a，2040 年 6.747 亿 t/a，2045 年 6.154 亿 t/a，2050 年 5.532 亿 t/a，2055 年 5.050 亿 t/a，2060 年 4.384 亿 t/a，结合表 5.6 计算得出对应煤炭储备产能占总产能的比例分别为 9.6%、12.3%、12.9%、14.4%、15.8%、17.4%、19.5%、21.0%。煤炭储备产能规模整体上呈现先增加，在 2030 年前后达到峰值，而后逐渐降

低的趋势。

表 5.9　煤炭储备产能优化布局方案(百万 t/a)

省份	2025 年	2030 年	2035 年	2040 年	2045 年	2050 年	2055 年	2060 年
河北	5.99	7.31	4.73	5.72	6.15	6.68	4.55	3.79
山西	161.27	207.61	198.48	188.44	171.87	148.75	133.86	115.49
内蒙古	188.57	237.76	230.48	218.01	181.44	156.75	144.41	122.18
辽宁	1.64	2.77	3.64	3.42	4.87	5.06	5.47	4.95
吉林	0.68	0.58	0.22	0.10	0.00	0.00	0.00	0.00
黑龙江	1.06	2.65	1.27	2.64	4.11	4.66	4.30	3.64
江苏	0.03	0.38	0.34	0.31	0.46	0.53	0.66	0.64
安徽	4.43	8.35	6.01	5.52	6.06	6.91	6.39	4.60
福建	0.40	0.52	0.45	0.54	0.72	0.75	0.79	0.71
江西	0.53	0.38	0.25	0.00	0.00	0.00	0.00	0.00
山东	7.14	12.46	11.56	12.24	15.18	15.49	15.14	12.23
河南	10.56	11.60	9.73	10.94	12.32	12.73	10.49	6.44
湖北	0.29	0.39	0.00	0.00	0.00	0.00	0.00	0.00
湖南	2.22	2.04	1.69	1.27	0.94	0.81	0.00	0.00
广西	1.09	0.88	0.75	0.75	0.51	0.00	0.00	0.00
四川	6.88	7.54	5.15	5.24	6.24	5.87	2.67	1.19
贵州	35.16	45.73	44.17	43.94	39.32	34.43	31.33	27.07
云南	0.77	2.82	5.97	3.63	6.69	3.92	4.19	5.70
陕西	91.98	116.38	107.10	106.41	95.36	90.82	86.83	82.67
甘肃	2.15	3.35	3.66	2.35	3.40	6.39	6.89	5.12
青海	1.65	2.00	1.40	1.42	1.12	0.71	0.00	0.00
宁夏	10.35	19.58	19.51	16.65	16.12	11.68	10.28	9.49
新疆	37.60	49.61	46.84	45.15	42.48	40.24	36.73	32.51
总产能	572.44	742.69	703.40	674.69	615.36	553.18	504.98	438.42

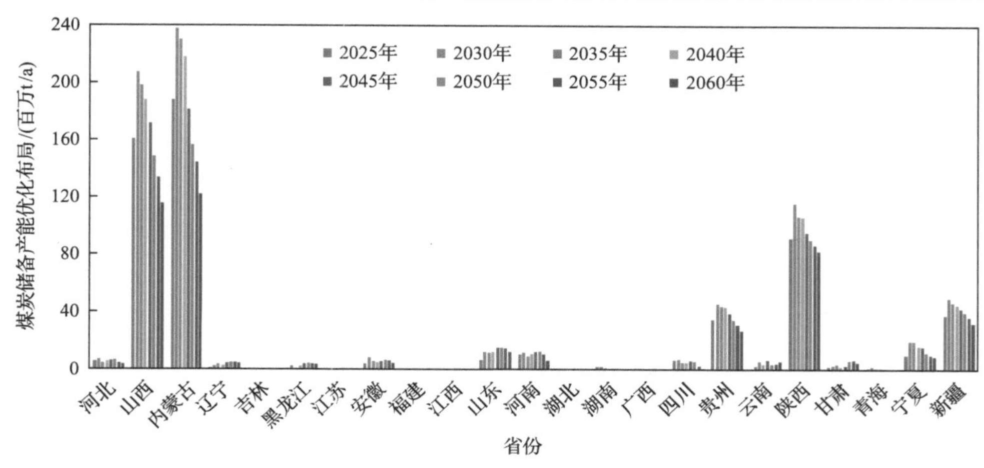

图 5.9　煤炭储备产能优化布局方案

2）煤炭储备产能优化布局区域分布

各省份煤炭储备产能优化布局的变化趋势与全国变化趋势一致。煤炭储备产能优化布局呈现由东部到中西部规模逐渐增大的趋势。东、中、西部区域煤炭储备产能优化布局规模，2025 年分别为 0.169 亿 t/a、1.793 亿 t/a，3.762 亿 t/a，2030 年分别为 0.267 亿 t/a、2.304 亿 t/a、4.857 亿 t/a，2035 年分别为 0.222 亿 t/a、2.162 亿 t/a、4.650 亿 t/a，2060 年分别为 0.260 亿 t/a、1.265 亿 t/a、2.859 亿 t/a。

3）重点省份煤炭储备产能优化布局

山西、内蒙古、贵州、陕西和新疆是主要产煤省份，合计煤炭储备产能及占总产能的比例分别为：2025 年 5.146 亿 t/a(89.9%)，2030 年 6.571 亿 t/a(88.5%)，2035 年 6.271 亿 t/a(89.1%)，2040 年 6.020 亿 t/a(89.2%)，2045 年 5.305 亿 t/a(86.2%)，2050 年 4.710 亿 t/a(85.1%)，2055 年 4.332 亿 t/a(85.8%)，2060 年 3.799 亿 t/a(86.7%)。主要产煤省份煤炭储备产能规模及占总产能的比例如图 5.10 所示。

2. 煤炭储备产能优化布局成本

1）煤炭储备产能优化布局总成本

煤炭储备产能优化布局成本，见表 5.10。煤炭储备产能优化布局总成本分别为：2021～2025 年–3587.6 亿元，2026～2030 年–824.0 亿元，

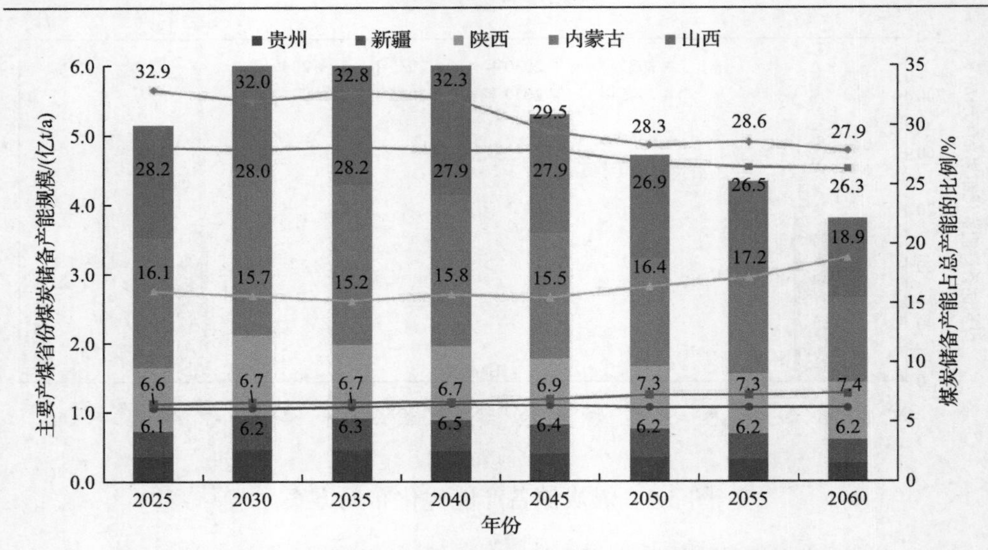

图 5.10　主要产煤省份煤炭储备产能规模及占总产能的比例

注：2030 年、2035 年各省份产能占比之和与对应年 5 省份产能之和占总产能的比例不相等，是数据四舍五入导致

2031～2035 年 356.7 亿元，2036～2040 年 226.0 亿元，2041～2045 年 180.3 亿元，2046～2050 年 70.0 亿元，2051～2055 年 339.0 亿元，2056～2060 年 365.0 亿元。其中，固定资产损失分别为：2021～2025 年–3508.9 亿元，2026～2030 年–803.4 亿元，2031～2035 年 347.0 亿元，2036～2040 年 223.6 亿元，2041～2045 年 180.3 亿元，2046～2050 年 66.4 亿元，2051～2055 年 331.7 亿元，2056～2060 年 354.3 亿元；社会成本分别为：2021～2025 年–78.7 亿元，2026～2030 年–20.6 亿元，2031～2035 年 9.7 亿元，2036～2040 年 2.4 亿元，2041～2045 年 0 亿元，2046～2050 年 3.6 亿元，2051～2055 年 7.3 亿元，2056～2060 年 10.7 亿元。在煤炭储备产能优化布局过程中，固定资产的损失或增加占总成本的比例为 94.9%～100%，对应的社会成本减少或增加的占比分别为 0%～5.1%。

2) 煤炭储备产能优化布局成本区域分布

煤炭储备产能优化布局区域分布与煤炭储备产能规模密切相关，固定资产增加或损失、社会成本增加或减少及总成本的变化呈现由东部到中、西部逐步增大的规律。东部地区固定资产增加或损失、社会成本增

表 5.10 煤炭储备产能优化布局成本及构成(亿元)

省份	2021～2025 年			2026～2030 年			2031～2035 年			2036～2040 年		
	固定资产	社会成本	总成本	固定资产	社会成本	总成本	固定资产	社会成本	总成本	固定资产	社会成本	总成本
河北	–75.5	–3.7	–79.2	–16.6	–0.8	–17.4	32.4	1.6	34.0	–12.5	–0.6	–13.1
山西	–841.1	–22.4	–863.5	–190.5	–5.1	–195.6	45.4	1.2	46.6	49.9	1.3	51.2
内蒙古	–831.7	–9.1	–840.8	–125.6	–1.4	–127.0	29.3	0.3	29.6	50.2	0.6	50.8
辽宁	–14.4	–2.4	–16.8	–10.0	–1.6	–11.6	–7.7	–1.3	–9.0	1.9	0.3	2.2
吉林	–12.9	–0.8	–13.7	2.0	0.1	2.1	6.7	0.4	7.1	2.3	0.1	2.4
黑龙江	–13.7	–0.4	–14.1	–20.7	–0.7	–21.4	18.0	0.6	18.6	–17.8	–0.6	–18.4
江苏	–0.4	0.0	–0.4	–4.9	–0.2	–5.1	0.5	0.0	0.5	0.5	0.0	0.5
安徽	–46.9	–1.0	–47.9	–52.2	–1.2	–53.4	35.3	0.8	36.1	5.2	0.1	5.3
福建	–19.4	–0.3	–19.7	–5.4	–0.1	–5.5	3.1	0.0	3.1	–4.0	–0.1	–4.1
江西	–26.8	–0.6	–27.4	7.5	0.2	7.7	6.4	0.1	6.5	12.9	0.3	13.2
山东	–59.8	–3.8	–63.6	–44.6	–2.8	–47.4	7.5	0.5	8.0	–5.7	–0.4	–6.1
河南	–142.9	–5.4	–148.3	–14.0	–0.5	–14.5	25.3	1.0	26.3	–16.4	–0.6	–17.0
湖北	–28.8	–1.0	–29.8	–9.2	–0.3	–9.5	38.0	1.4	39.4	0.0	0.0	0.0
湖南	–198.4	–1.4	–199.8	15.8	0.1	15.9	31.2	0.2	31.4	38.1	0.3	38.4

续表

省份	2021～2025年			2026～2030年			2031～2035年			2036～2040年		
	固定资产	社会成本	总成本	固定资产	社会成本	总成本	固定资产	社会成本	总成本	固定资产	社会成本	总成本
广西	−17.9	−0.3	−18.2	3.4	0.1	3.5	2.2	0.0	2.2	0.0	0.0	0.0
四川	−124.5	−2.8	−127.3	−11.8	−0.3	−12.1	43.2	1.0	44.2	−1.7	0.0	−1.7
贵州	−327.9	−2.7	−330.6	−98.5	−0.8	−99.3	14.5	0.1	14.6	30.1	0.2	30.3
云南	−9.8	0.0	−9.8	−26.1	−0.1	−26.2	−40.1	−0.1	−40.2	29.8	0.1	29.9
陕西	−451.7	−13.8	−465.5	−84.8	−2.6	−87.4	42.7	1.3	44.0	3.2	0.1	3.3
甘肃	−16.7	−0.5	−17.2	−9.4	−0.3	−9.7	−2.4	−0.1	−2.5	10.2	0.3	10.5
青海	−13.5	−1.0	−14.5	−2.9	−0.2	−3.1	5.0	0.4	5.4	−0.2	0.0	−0.2
宁夏	−85.7	−1.5	−87.2	−76.3	−1.4	−77.7	0.6	0.0	0.6	23.7	0.4	24.1
新疆	−148.5	−3.8	−152.3	−28.6	−0.7	−29.3	9.9	0.3	10.2	23.9	0.6	24.5
总计	−3508.9	−78.7	−3587.6	−803.4	−20.6	−824.0	347.0	9.7	356.7	223.6	2.4	226.0

省份	2041～2045年			2046～2050年			2051～2055年			2056～2060年		
	固定资产	社会成本	总成本	固定资产	社会成本	总成本	固定资产	社会成本	总成本	固定资产	社会成本	总成本
河北	−5.3	−0.3	−5.6	−6.7	−0.3	−7.0	26.8	1.3	28.1	9.6	0.5	10.1
山西	82.3	2.2	84.5	164.6	4.4	169.0	44.2	1.2	45.4	66.4	1.8	68.2

续表

省份	2041～2045年			2046～2050年			2051～2055年			2056～2060年		
	固定资产	社会成本	总成本	固定资产	社会成本	总成本	固定资产	社会成本	总成本	固定资产	社会成本	总成本
内蒙古	179.5	2.0	181.5	67.2	0.7	67.9	49.7	0.5	50.2	41.2	0.5	41.7
辽宁	–12.7	–2.1	–14.8	–1.7	–0.3	–2.0	–3.5	–0.6	–4.1	4.5	0.7	5.2
吉林	2.0	0.1	2.1	0.0	0.0	0.0	0.0	0.0	0.0	0.0	0.0	0.0
黑龙江	–19.2	–0.6	–19.8	–7.2	–0.2	–7.4	4.7	0.2	4.9	8.5	0.3	8.8
江苏	–2.2	–0.1	–2.3	–1.0	0.0	–1.0	–1.8	–0.1	–1.9	0.4	0.0	0.4
安徽	–5.7	–0.1	–5.8	–9.1	–0.2	–9.3	5.6	0.1	5.7	19.0	0.4	19.4
福建	–9.0	–0.1	–9.1	–1.4	0.0	–1.4	–1.6	0.0	–1.6	3.7	0.1	3.8
江西	0.0	0.0	0.0	0.0	0.0	0.0	0.0	0.0	0.0	0.0	0.0	0.0
山东	–24.7	–1.6	–26.3	–2.6	–0.2	–2.8	2.9	0.2	3.1	24.4	1.6	26.0
河南	–18.7	–0.7	–19.4	–5.6	–0.2	–5.8	30.4	1.2	31.6	54.8	2.1	56.9
湖北	0.0	0.0	0.0	0.0	0.0	0.0	0.0	0.0	0.0	0.0	0.0	0.0
湖南	29.5	0.2	29.7	–226.4	–1.6	–228.0	0.0	0.0	0.0	0.0	0.0	0.0
广西	3.9	0.1	4.0	0.0	0.0	0.0	0.0	0.0	0.0	0.0	0.0	0.0
四川	–18.0	–0.4	–18.4	6.8	0.2	7.0	57.8	1.3	59.1	26.8	0.6	27.4

续表

省份	2041～2045年			2046～2050年			2051～2055年			2056～2060年		
	固定资产	社会成本	总成本	固定资产	社会成本	总成本	固定资产	社会成本	总成本	固定资产	社会成本	总成本
贵州	–3.6	0.0	–3.6	8.4	0.1	8.5	75.5	0.6	76.1	49.1	0.4	49.5
云南	–39.1	–0.1	–39.2	35.3	0.1	35.4	–3.4	0.0	–3.4	–19.3	–0.1	–19.4
陕西	50.9	1.6	52.5	20.9	0.6	21.5	18.4	0.6	19.0	19.2	0.6	19.8
甘肃	–8.2	–0.2	–8.4	–23.2	–0.6	–23.8	–3.9	–0.1	–4.0	13.8	0.4	14.2
青海	2.5	0.2	2.7	3.4	0.2	3.6	5.8	0.4	6.2	0.0	0.0	0.0
宁夏	4.4	0.1	4.5	36.7	0.7	37.4	11.6	0.2	11.8	6.5	0.1	6.6
新疆	–8.3	–0.2	–8.5	8.0	0.2	8.2	12.5	0.3	12.8	25.7	0.7	26.4
总计	180.3	0.0	180.3	66.4	3.6	70.0	331.7	7.3	339.0	354.3	10.7	365.0

加或减少及总成本分别为：2021～2025 年–196.1 亿元、–11.4 亿元、–207.5 亿元，2026～2030 年–100.2 亿元、–6.1 亿元、–106.3 亿元，2031～2035 年 60.5 亿元、1.8 亿元、62.3 亿元，2056～2060 年 51.1 亿元、3.2 亿元、54.3 亿元。中部地区固定资产增加或损失、社会成本增加或减少及总成本分别为：2021～2025 年–1284.9 亿元、–31.8 亿元、–1316.7 亿元，2026～2030 年–242.6 亿元、–6.8 亿元、–249.4 亿元，2031～2035 年 181.6 亿元、4.7 亿元、186.3 亿元，2056～2060 年 140.2 亿元、4.3 亿元、144.5 亿元。西部地区固定资产增加或损失、社会成本增加或减少及总成本分别为：2021～2025 年–2027.9 亿元、–35.5 亿元、–2063.4 亿元，2026～2030 年–460.6 亿元、–7.7 亿元、–468.3 亿元，2031～2035 年 104.9 亿元、3.2 亿元、108.1 亿元，2055～2060 年 163.0 亿元、3.2 亿元、166.2 亿元。

3) 重点省份煤炭储备产能优化布局成本

山西、内蒙古、贵州、陕西和新疆 5 个主要产煤省份的煤炭储备产能优化布局成本，如图 5.11 所示。综合各省份煤炭储备产能优化布局固定资产的损失或增加占总成本的比例为 97.0%～99.2%，而对应的社会成本减少或增加占总成本的比例为 0.8%～3.0%。

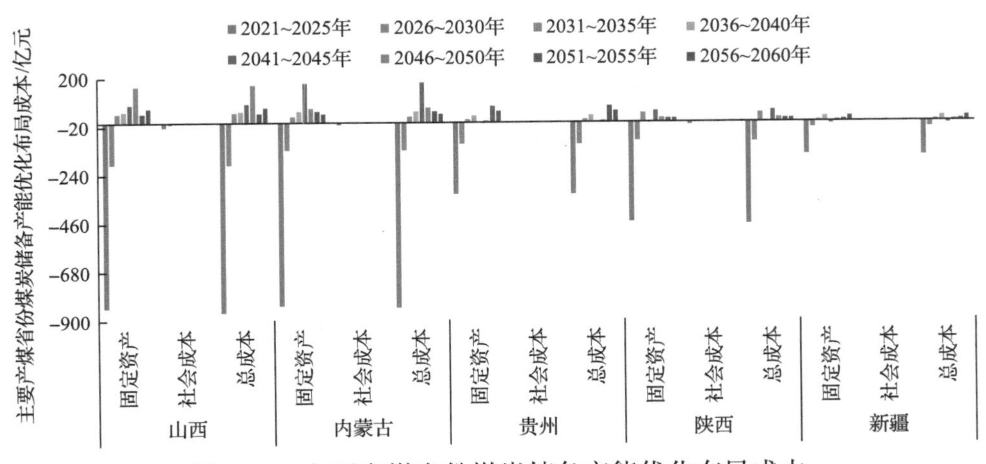

图 5.11 主要产煤省份煤炭储备产能优化布局成本

5.4 本章小结

(1) 明晰煤炭产能与储备产能定位，煤炭产能定位于满足社会经济发展对煤炭的正常需求，煤炭储备产能定位于满足应急保供等特殊需求；提出以系统动力学模型得出的煤炭产量需求及波动幅度为目标，以省份煤炭产能优化成本最小、全要素生产率增长率最大为原则，以煤炭产能利用率合理区间为约束，建立煤炭产能和储备产能优化布局方案。

(2) 运用多目标动态规划理论和方法，建立煤炭产能利用率、煤炭产能优化布局成本测算、全要素生产率增长测算等函数，构建基于多目标动态规划的煤炭产能与储备产能优化布局模型；以 1990～2020 年面板数据为基础，应用 LINGO 软件，检验模型的可靠性。模型对现实的模拟程度较好，可用于对未来煤炭产能和煤炭储备产能优化布局。

(3) 以满足基准情景下煤炭产量需求及波动幅度为目标，对未来煤炭产能和储备产能优化布局，结果显示：①煤炭产能布局总体规模为：2025 年 59.819 亿 t/a，2030 年 60.603 亿 t/a，2035 年 54.646 亿 t/a，2040 年 46.877 亿 t/a，2045 年 38.940 亿 t/a，2050 年 31.745 亿 t/a，2055 年 25.874 亿 t/a，2060 年 20.875 亿 t/a；煤炭产能布局区域分布由东部向中西部转移和集中；由此带来总成本变化分别为：2021～2025 年–1889.2 亿元，2026～2030 年 874.3 亿元，2031～2035 年 5189.0 亿元，2036～2040 年 5844.9 亿元，2041～2045 年 5383.4 亿元，2046～2050 年 4699.1 亿元，2051～2055 年 3402.5 亿元，2056～2060 年 2793.6 亿元。②煤炭储备产能布局总体规模为：2025 年 5.724 亿 t/a，2030 年 7.427 亿 t/a，2035 年 7.034 亿 t/a，2040 年 6.747 亿 t/a，2045 年 6.154 亿 t/a，2050 年 5.532 亿 t/a，2055 年 5.050 亿 t/a，2060 年 4.384 亿 t/a；煤炭储备产能布局区域分布由东部到中、西部规模逐渐增大；由此带来总成本变化为：2021～2025 年–3587.6 亿元，2026～2030 年–824.0 亿元，2031～

2035 年 356.7 亿元，2036～2040 年 226.0 亿元，2041～2045 年 180.3 亿元，2046～2050 年 70.0 亿元，2051～2055 年 339.0 亿元，2056～2060 年 365.0 亿元。

第 6 章　煤炭行业应对“双碳”目标影响的发展策略

根据识别出的“双碳”目标影响煤炭行业的主要路径以及“双碳”目标下煤炭产量需求及波动幅度、煤炭产能和储备产能优化布局方案等，本章研判“双碳”目标下煤炭行业面临的挑战与机遇，探讨煤炭行业的未来发展方向，提出煤炭行业应对“双碳”目标影响的发展策略建议。

6.1 “双碳”目标下煤炭行业面临的挑战与发展机遇

6.1.1 “双碳”目标下煤炭行业面临的挑战

1. 煤炭消费减量导致煤炭行业发展空间受限

从“双碳”目标对煤炭行业影响的传导机制可以看出，“双碳”目标转化为减碳政策，通过多路径逐步传导影响煤炭行业；经煤炭需求传导到煤炭供给的直接效应大大高于其他要素，影响煤炭需求是“双碳”目标影响煤炭行业的主要传导路径，煤炭需求是判断“双碳”目标对煤炭行业实质性影响和动态影响的最关键中介变量。

随着减碳政策强度增加，“双碳”目标将逐步对煤炭需求产生影响。从“双碳”目标下煤炭产量需求及波动幅度可以看出，“双碳”目标对煤炭行业的影响将是一个逐步加深的过程，煤炭消费减量也将是一个循序渐进的过程，虽然近期煤炭产量需求仍有所增加，但中长期煤炭产量需求呈下降趋势。在政策强度适中的基准情景下，2025 年煤炭产量需求 27.3 亿～35.3 亿 tce，2030 年 27.0 亿～36.2 亿 tce，2035 年 24.8 亿～34.2 亿 tce，2040 年 22.2 亿～31.7 亿 tce，2045 年 18.5 亿～27.7 亿 tce，2050 年 15.1 亿～23.9 亿 tce，2055 年 11.2 亿～19.3 亿 tce，2060 年 7.1

亿～14.2 亿 tce。煤炭产量需求下降，进而影响煤炭生产规模，导致煤炭行业发展空间受限。

2. 新能源大比例接入要求提高煤炭供应柔性

“双碳”目标将加大能源需求总量变化不确定性、可再生能源调峰需求、化石能源进口不确定性，按照兜底保障定位，煤炭需要承担化石能源进口受限、可再生能源出力波动、能源消费超预期增长“三重”兜底保障任务，煤炭产量需求波动将不断加大。

从“双碳”目标下煤炭产量需求及波动幅度可以看出，在政策强度适度的基准情景下，2025 年煤炭产量需求波动幅度为±12.9%，2030 年为±14.5%，2035 年为±16.1%，2040 年为±17.6%，2045 年为±19.9%，2050 年为±22.3%，2055 年为±26.3%，2060 年为±33.3%；在政策加严情景下，煤炭产量需求波动将提高 0.4～38.6 个百分点，最高甚至超过±50%。未来煤炭生产不是越多越好，而是需要时可快速启动生产，不需要时可低成本保持生产能力，实现柔性供应[115]，给按计划排产的煤矿常规运行方式带来严峻挑战。

3. 零碳排放要求颠覆现有煤炭利用方式

根据煤炭开发过程碳排放分析结果，生产 1t 煤炭的温室气体排放仅相当于完全燃烧 1t 煤炭温室气体排放的 7%左右；如果仅仅计算 CO_2，则只有 3%左右。如果按照相同的碳税或碳减排单价，煤炭开发面临的碳减排成本远远低于煤炭利用，“双碳”目标限制碳排放对煤炭行业的直接影响将远低于经煤炭消费传导过来的间接影响。“双碳”目标要求颠覆传统工艺技术不可避免产生 CO_2 的固有特性，实现零碳排放的煤炭利用。例如，煤固体氧化物燃料电池技术，在电池组内对 CO_2 催化、转化、矿化再能源化，实现循环利用、零碳排放[116]。

6.1.2 “双碳”目标下煤炭行业的发展机遇

回顾煤炭行业的发展历程，社会经济发展带动能源消费快速上升，资金、技术、人力、政策等生产要素不断在煤炭行业积聚，推动煤炭行业长期负载运行，超负荷生产，低端粗放式发展。“双碳”目标促进煤炭消费减量，带动煤炭消费比重下降，给煤炭行业带来发展空间受限的严峻挑战，也为煤炭行业留出降低生产规模、提升发展质量的时间和空间，给煤炭行业带来转型升级的机遇。“双碳”目标下，我国煤炭行业将迎来三大机遇[117-118]。

1. 实现煤炭高质量发展的机遇

煤炭行业 70 年负载运行，超负荷生产，为社会经济发展贡献了 966 亿 t 煤炭产品，在支撑社会经济快速发展的同时，也带来了一系列严重问题[119-120]。煤矿基本建设欠账较多，加上一些煤矿高负荷甚至超能力生产，安全生产事故时有发生。井下工程和采空区规模超出地质承载力，破坏了地下水系，造成了地表沉陷和植被破坏。

煤炭行业专家早在 20 世纪末就提出推进煤炭行业高质量发展的愿望，根据地质条件、技术水平建设科学产能，煤炭产量控制在合理规模。钱鸣高院士提出，“如果在地质条件好的情况下同样产出 10 亿 t 煤，中美百万吨死亡率差不多。但是油气、可再生能源上不来，我国的煤炭产能就必须扩大到 30 亿 t，必须开采地质条件不好的 20 亿 t，因此问题就出现了”[121]。为了满足高产能的要求，煤炭行业做出了巨大努力，1/3 依靠适应国情的新技术和世界一流的煤矿，1/3 依靠一般技术的煤矿，而另外 1/3 则依靠技术水平低、安全差的煤矿[122]。

煤炭行业管理部门早在 1998 年就提出以煤为基，重视开发新能源和可再生能源，改善能源结构，并给出了具体路径：以电力为中心，以煤炭为基础，积极开发油气，调整能源结构，重视开发新能源和可再生能源，提高能源利用率和节约能源，走优质、高效、洁净、低耗的能源可持续发展道路；依靠科技进步，改善能源结构，促使资源利用优化是目前我国能源战略的核心问题，也是保证能源、经济与环境协调发展的基本途径[123]。为保证煤炭行业高质量发展，钱鸣高院士等[124-125]提出煤炭科学开采和绿色开采理念；谢和平院士等提出了煤炭科学产能的目标、内涵及定义以及评价指标体系，以识别和评价煤炭科学产能。科学产能的理念已被广泛接受，但是建设步伐不及预期。“双碳”目标下，煤炭行业可放下产量增长的包袱，回归到合理规模，走科学产能之路，走自己的高质量发展之路，为煤炭行业回归高端发展提供了难得机遇。煤炭行业需要尽快从扩大产能产量追求粗放性效益为第一目标的增量时代，迈向更加重视生产、加工、储运、消费全过程安全性、绿色性、低碳性、经济性的存量时代，快速提升发展质量。

2. 煤炭升级高技术产业的机遇

2015 年以来，积极把握经济社会发展的态势，煤炭行业主动提出煤炭革命、自我革命。从思想上，重新认识自我、自我变革，主动适应国家经济高质量发展趋势，主动满足人们对美好生活的环境要求，主动迎接世界能源发展变革的挑战，提出了煤炭革命理念，即煤炭革粗放开发的命，革落后产能的命，革污染排放的命。从理念上，推进煤炭开发利用一体化、矿井建设与地下空间利用一体化、煤基多元清洁能源协同开发和煤炭洁净低碳高效利用。从目标和蓝图上，通过技术创新、理念创新实现零生态损害的绿色开采、零排放的低碳利用，建设多元协同的清洁能源基地[124]，实现采掘智能化、井下“无人化”、地面“无煤化”[125]，推进煤炭成为清洁能源，开发是绿色的，利用是清洁的；煤矿成为集合集光、风、电、热、气多元协同的清洁能源基地；煤炭行业成为社会尊重、人才向往的高新技术行业[126]。从技术路线上，分智能化无人开采、流态化开采、地下空间开发利用、清洁低碳利用四大领域，提出了升级与换代、拓展与变革、引领与颠覆三阶段、三层次技术装备攻关清单[127]。从攻关重点上，提出了煤炭资源深部原位流态化开采的定义、内涵、关键要素[128-130]，系统阐述了深部原位流态化开采构想、基础理论和关键技术体系，并给出了核心颠覆性技术构想[131-133]。

煤炭革命的理念已获广泛认可，大量高校、科研院所已开始研究，一些研究团队取得了一定进展，但尚未取得重大突破。深圳大学提出了一种可适用于现场施工的固体资源流态化开采新方法——迴行开采结构及方法，进行深部煤炭资源流态化开采时只需布置一个水平大巷和一个流态化资源井下中转站，不需要建设用于煤炭提升、运输的井巷[134]。中国矿业大学提出了钻井式煤与瓦斯物理流态化同采方法，通过地面钻井对突出等煤层实施高压射流原位破煤，碎煤颗粒以流态形式输运至地面，同时涌出瓦斯经钻井抽采利用，并将地面固废材料回填至采煤空穴，实现近零生态损害的煤与瓦斯协同开采，颠覆传统的煤炭井工开采模式[135]。"双碳"目标倒逼煤炭行业改变过去几十年引进-消化-吸收-再创新的创新模式，将迎来实现颠覆性创新的机遇，可以集聚优势创新资源，轻装上阵主攻技术装备，早日成为高精尖技术产业。

3. *煤炭与新能源融合发展的机遇*

煤炭与可再生能源具有良好的互补性。煤炭的主要利用方式是发电，可再生能源利用的主要方式也是发电，燃煤发电与可再生能源发电优化组合，可充分利用燃煤发电的稳定性，为可再生能源平抑波动提供基底，规避可再生能源发电的不稳定性；利用可再生能源的碳中和能力，为燃煤发电提供碳减排途径，在很大程度上减轻单纯燃煤发电的碳减排压力。除了电力外，煤炭与可再生能源在燃烧和化学转化方面的耦合，也逐步形成模式，突破了一系列技术，为煤炭与可再生能源深度耦合提供了良好基础。

煤矿区具有发展可再生能源的先天优势。煤矿区除了丰富的煤炭资源外，还有大量的土地、风、光等其他资源[136]。我国目前已有及未来预计新增的采煤沉陷区面积超过 6 万 km^2[137]，可为燃煤发电和风能、光伏发电深度耦合提供土地资源。煤矿井巷落差大，可用于抽水蓄能，为可再生能源调峰[138-139]。我国煤矿井巷和采空区形成的地下空间大，体积超过 156 亿 m^3，且有不少的残煤[140]。残余煤炭 CO_2 吸附能力强[141]，有利于井下碳吸附、碳储存[142]。此外，井下温度较高且稳定，可发展地热开发利用技术[136]。过去很多年，煤炭企业发展新能源基础弱，也没有动力、决心，碳中和目标倒逼煤炭企业主动发展新能源，进入新能源主阵地。可以充分发挥煤矿区优势，以煤电为核心，与太阳能发电、风电协同发展，构建多能互补的清洁能源系统，将煤矿区建设成为地面-井下一体化的风、光、电、热、气多元协同的清洁能源基地[133]。

6.2 “双碳”目标下煤炭行业发展方向

针对“双碳”目标逐步传导影响煤炭行业，煤炭行业自身也需要进行优化调整，可以通过多资源综合开发利用，减少单一资源采出的能源和材料消耗；原料化材料化固碳，少产碳少排放；订单式柔性生产，兜底能源供应并避免过剩浪费；矿区土地和地下空间储碳，构建低碳/零碳矿山等途径，降低碳排放强度，减缓甚至避免竞争力下降。

6.2.1 由单一采煤向资源综合开发利用拓展

“双碳”目标在限制煤炭消费增长的同时，将推动新能源增长，而新能源增长将带动矿物需求增加[143]。煤炭行业可发挥技术、工程优势，通过横纵向延伸，由单一煤炭资源采出拓展为煤炭及共伴生资源综合开发利用，由提供单一的初级产品升级为提供高附加值的多元产品优化组合，提高多种矿产资源综合回收率，增加开发效益，摊薄煤炭开采的能源和材料消耗以及相应的碳排放。横向上，以煤炭资源开发为主体，充分利用技术、设施、空间等优势，向共生资源和伴生资源开发拓展。煤炭与煤层气、矿井水以及煤炭中稀土元素和镓、锂、铀等金属元素统筹规划，联合开发，由单一煤炭资源开发拓展为煤炭及共伴生资源综合开发，大幅度提高开发效率。纵向上，以煤炭资源开发为基础，向煤炭洗选加工、分级分质利用、发电、化工转化等下游延伸，由煤炭资源采出拓展为煤炭开发-利用一体化，煤矿区从单一煤炭供给基地转型升级为煤、热、电、气等多元产品优化联供的综合能源基地[144]。

6.2.2 由燃料化利用向原料化材料化利用转型

煤炭以芳环、脂环、杂环为基本结构单元，含碳量高，是很好的燃料，也可以作为原料和材料，生产油气产品和油气替代品，生产石墨烯等高端碳素材料。发电、工业锅炉、民用等燃料化利用，以燃烧获取热值为主要目的，不可避免地产生 CO_2，碳排放系数高，对碳交易价格的承受力较低。而原料化材料化利用以提取或转化的方式获取高附加值的化工品为目的，碳排放系数低，对碳交易价格的承受力较高。逐步增强的排放约束和逐步提高的碳交易价格将促使煤炭燃料化利用向原料化材料化利用转型。可以预期随着煤炭物理性质、化学性质深入研究和提取、转化技术攻关不断取得突破，将实现更高水平的煤炭清洁转化，形成特种油品、高端煤基含氧化合物等多品种的原料化消费，以及在石墨烯、碳基固体氧化物燃料电池等前沿领域的大规模材料化应用。

6.2.3　由高产高效矿井向柔性矿井转变

在适应“双碳”目标下，实现柔性供应的新要求，产能可低成本宽负荷调节的柔性矿井将替代当前的高产高效矿井成为未来煤矿建设的新形式。国家部委和主要产煤省份正在大力推进煤矿智能化建设，云计算、大数据、物联网、移动互联网、人工智能等新一代信息技术在煤矿应用，将逐步推动柔性矿井由概念、框架变为现实，实现煤炭订单式生产。

6.2.4　由传统矿区向低碳/零碳矿区升级

煤矿区不仅有煤炭资源，还有丰富的地下空间和土地资源，具有丰富的储碳能力。已有研究表明，500m 以深的煤矿地下空间储存 CO_2 具有较好的稳定性。同时，煤矿地下空间的残煤、岩层和地下水对 CO_2 还有一定的吸附、溶解和运移作用，经过长时间的物理化学反应和地质变迁，可生成碳酸盐矿，固化 CO_2。利用矿区土地，种植具有利用价值的快速生长植物，可形成一定量的碳汇。煤矿开采出煤炭，煤炭利用产生的 CO_2 回到煤矿地下空间封存，再加上地表碳汇，煤矿区有潜力实现碳自循环。德国等发达国家在 2000 年左右就开始了煤矿地下空间 CO_2 封存研究[145]，我国一些研究机构正在开展煤矿地下空间调查评价和储能、储气、碳封存技术研发与应用。研发力度加大将推动技术快速突破，推进传统的煤矿区升级为低碳/零碳矿区。

6.3　煤炭行业应对措施建议

6.3.1　科学规范煤炭开发利用发展秩序

从“双碳”目标对煤炭行业影响的传导机制和“双碳”目标下煤炭产量需求可以看出，近期内煤炭产量需求还处于高位。政府部门应在明确我国煤炭发展定位基础上，尽快调整煤炭产业政策，确保与“双碳”目标实现的进程、煤炭需求变化相适应，不踩“急刹车”，不搞“一刀切”“层层加码”，改善煤炭行业和煤炭企业发展环境。针对建设柔性矿井的长期需求，研究制订长期适用的煤矿建设和运营标准，将安全生产、健康防护、环境保护等作为强制性条款，自动化、智能化等作为推荐性条款。以稳定的标准和政策环境，支撑煤炭企业参与柔性矿井建设。针对煤炭原料化材料化利用的未来方向，采取区别于燃料化利用的政策，适当放宽能源消费量和消费强度限制。特别是生产煤基特种燃料、煤基生物可降解材料等示范项目，可作为国家级重大项目，定向给予用能权等倾斜。

6.3.2　客观灵活把握煤炭产能调整节奏

积极开展碳排放核查核算，厘清碳排放核查核算的范围、边界、计量依据，摸清碳排放家底，找出减排潜力点，预判不同时段碳减排约束强度和对碳交易价格的承受能力，客观制定与煤炭需求相适应的碳减排行动方案。关注“双碳”目标对煤炭行业影响传导的最重要中介因素—煤炭需求的受影响程度，灵活把握煤炭产能调整节奏。积极跟踪能源技术进步、碳交易价格变化等对细分消费领域煤炭竞争力的影响，特别关注煤炭与其他能源竞争力的比较关系是否发生逆转。在煤炭需求受严重影响前，以节能提效为主，减少电耗、煤耗和材料消耗，不大幅度减少煤炭产能和产量，保障社会经济发展和人们生活水平提高的能源安全稳定供应；若煤炭需求受到严重影响，以煤炭需求减少的幅度同步减少煤炭产能和产量，保障煤炭供应既不大量过剩也不严重紧缺，当好我国安全高效、清洁低碳能源体系的稳定器和压舱石。同时，力争在逆转前完成自身转型升级。

6.3.3　合理布局煤炭储备产能建设

根据“双碳”目标下煤炭产能与储备产能优化布局研究结果，2025年煤炭储备产能需求5.7亿t/a，2030年达到峰值7.43亿t/a，需要提前合理布局煤炭储备产能建设。可以生产储备煤矿为主，专门储备煤矿为辅，推进煤炭储备产能建设。生产储备煤矿定位于产地储备，通过生产矿井产能核增或新建矿井形成储备产能，企业承担储备责任，政府给予适当补偿，适用于西部、北部煤炭主产区，应对多个区域和全国总体供应紧缺。专门储备煤矿定位于消费地储备，可将资源枯竭煤矿智能化改造后，转变为储备产能，政府是责任主体，可委托企业运营，适用于中东部净调入区，应对区域性时段性供应紧缺。

6.3.4　加快煤炭相关颠覆性技术攻关

一些研究机构提出了新型技术构想并持续开展研究攻关，有望颠覆传统工艺技术不可避免产生CO_2的固有特性，实现零碳排放的煤炭开发利用。然而，这些技术还处在原理验证、小规模实验阶段，短期内尚难以适应碳达峰、碳中和的要求。应加大科技投入，加强科技资源整合，加快推进煤炭开发利用颠覆性技术攻关，探索节能低碳型煤炭开采方法、煤炭原料化材料化利用原理与机理、煤炭与新能源耦合利用原理、“清洁煤炭+CCUS”新原理等，研发废弃煤矿地下空间碳封存[146-147]、CO_2矿化发电[148-150]、CO_2制化工产品[151]、与矿区生态环保深度融合的碳吸收等新型用碳、固碳、吸碳技术与装备，破解煤炭行业低碳发展的“卡脖子”技术问题。

6.4　本章小结

(1)基于“双碳”目标影响煤炭行业的传导路径、“双碳”目标下煤炭产量需求及波动幅度、煤炭产能和储备产能优化布局等研究结果，分析“双碳”目标下煤炭行业面临的挑战和机遇，煤炭行业面临煤炭消费减量导致发展空间受限、新能源大比例接入要求提高供应柔性、零碳排放要求颠覆现有煤炭利用方式等挑战，同时也迎来实现高质量发展、升级高技术产业、新能源融合发展三大机遇。

(2) 从政策对象反馈的角度，提出煤炭行业应对“双碳”目标影响的发展方向，由单一采煤向资源综合开发利用拓展、由燃料化利用向原料化材料化利用转型、由高产高效矿井向柔性矿井转变、由传统矿区向低碳/零碳矿区升级，对冲负面影响，降低受影响程度。

(3) 从积极稳妥落实“双碳”目标的角度，提出煤炭行业应对措施建议，科学规范煤炭开发利用发展秩序，与“双碳”目标实现的进程、煤炭需求变化相适应；客观灵活把握煤炭产能调整节奏，保障社会经济发展所需的煤炭供应；合理布局煤炭储备产能建设，增强煤炭柔性供应能力；加快煤炭相关颠覆性技术攻关，支撑煤炭行业低碳转型和高质量发展。

参考文献

[1] 谢和平，任世华，吴立新. 煤炭碳中和战略与技术路径[M]. 北京：科学出版社, 2022.

[2] 谢和平，任世华，谢亚辰，等. 碳中和目标下煤炭行业发展机遇[J]. 煤炭学报，2021，46(7)：2197-2211.

[3] 任世华，谢亚辰，焦小淼，等. 煤炭开发过程碳排放特征及碳中和发展的技术途径[J]. 工程科学与技术, 2022, 54(1)：60-68.

[4] 仲为国，彭纪生，孙文祥. 政策测量、政策协同与技术绩效：基于中国创新政策的实证研究(1978-2006)[J]. 科学学与科学技术管理, 2009, 30(3)：54-60.

[5] 彭纪生，孙文祥，仲为国. 中国技术创新政策演变与绩效实证研究(1978-2006)[J]. 科研管理, 2008(4)：134-150.

[6] 彭纪生，仲为国，孙文祥. 政策测量、政策协同演变与经济绩效：基于创新政策的实证研究[J]. 管理世界, 2008(9)：25-36.

[7] 张国兴，高秀林，汪应洛，等. 我国节能减排政策协同的有效性研究：1997-2011[J]. 管理评论, 2015, 27(12)：3-17.

[8] 张国兴，李佳雪，胡毅，等. 节能减排科技政策的演变及协同有效性——基于 211 条节能减排科技政策的研究[J]. 管理评论, 2017, 29(12)：72-83.

[9] 张国兴，张振华，管欣，等. 我国节能减排政策的措施与目标协同有效吗？——基于1052条节能减排政策的研究[J]. 管理科学学报, 2017, 20(3)：162-182.

[10] 刘满芝，张琳琳，温纪新. 双碳背景下减排政策对煤炭行业发展的影响及启示[J]. 煤炭经济研究, 2021, 41(7)：21-26.

[11] 陈明亮. 客户忠诚决定因素实证研究[J]. 管理科学学报, 2003(5)：72-78.

[12] 丁萌，罗璇，郭熙，等. 基于结构方程模型的江西省水资源利用影响因素分析[J]. 水土保持通报, 2021, 41(4)：182-188.

[13] 黄如兵，田凯. 基于目标规划的企业产销算法模型研究及其应用[J]. 兰州文理学院学报(自然科学版), 2022, 147(2)：28-35.

[14] 高雷阜. 资源分配的多目标优化动态规划模型[J]. 辽宁工程技术大学学报(自然科学版), 2001(5)：679-681.

[15] 吴有平，刘杰，何杰. 多目标规划的 LINGO 求解法[J]. 湖南工业大学学报，2012，26(3)：9-12.

[16] 袁亮. 我国煤炭资源高效回收及节能战略研究[J]. 中国矿业大学学报(社会科学版)，2018, 80(1)：3-12.

[17] Wang B, Cui Q, Zhao Y X, et al. Carbon emissions accounting for China's coal mining sector: Invisible sources of climate change[J]. Natural Hazards, 2019, 99: 1345-1364.

[18] Liu G, Peng S, Lin X, et al. Recent slowdown of anthropogenic methane emissions in China driven by stabilized coal production[J]. Environmental Science & Technology Letters, 2021, 8(9): 739-746.

[19] Sheng J, Song S, Zhang Y, et al. Bottom-Up estimates of coal mine methane emissions in China: A gridded inventory, emission factors, and trends[J]. Environmental Science & Technology Letters, 2019, 6: 473-478.

[20] 任世华, 罗腾, 赵路正. 煤炭开发利用碳减排潜力分析[J]. 中国能源, 2013, 35(11): 24-27.

[21] 任世华. 煤炭资源开发利用效率分析评价模型研究[J]. 中国能源, 2015, 37(2): 33-36.

[22] 煤炭工业洁净煤工程技术研究中心. 煤炭开发利用碳排放清单分析及减排潜力研究[R]. 北京: 煤炭科学技术研究院, 2012.

[23] 樊金璐, 孙键, 赵娆. 我国煤炭行业全生命周期碳排放与碳流通图[J]. 煤炭经济研究, 2017, 37(9): 34-37.

[24] 国家发展与改革委员会. 中国煤炭生产企业温室气体排放核算方法与报告指南(试行)[R]. 发改办气候〔2014〕2920号. 北京: 国家发展与改革委员会, 2014.

[25] 国家统计局. 中国统计年鉴(2021)[M]. 北京: 中国统计出版社, 2021.

[26] IPCC. 2006 IPCC guidelines for national greenhouse gas inventories[M]. Kanagawa: The Institute for Global Environmental Strategies, 2006.

[27] IPCC. 2013 Supplement to the 2006 IPCC guidelines for national greenhouse gas inventories[R]. Geneva: Intergovernmental Panel on Climate Change, 2013.

[28] 杨永均, 张绍良, 侯湖平. 煤炭开采的温室气体逸散排放估算研究[J]. 中国煤炭, 2014, 40(1): 114-117.

[29] 才庆祥, 刘福明, 陈树召. 露天煤矿温室气体排放计算方法[J]. 煤炭学报, 2012, 37(1): 103-106.

[30] 张振芳. 露天煤矿碳排放量核算及碳减排途径研究[D]. 徐州: 中国矿业大学, 2013.

[31] 张凯, 李全生. 碳约束条件下我国煤炭清洁高效开发利用战略研究[J]. 煤炭经济研究, 2019, 39(11): 10-14.

[32] 葛世荣, 刘洪涛, 刘金龙, 等. 我国煤矿生产能耗现状分析及节能思路[J]. 中国矿业大学学报, 2018, 47(1): 9-14.

[33] 夏伦娣. "双代煤"工程温室气体和大气污染物的协同减排效益评估[D]. 邯郸: 河北工程大学, 2020.

[34] 国家煤矿安全监察局. 全国煤矿矿井瓦斯等级鉴定资料汇编(2011)[M]. 北京: 国家煤矿安全监察局, 2012.

[35] Wu J G, Mao J R. Research progress on gas resource evaluation, extraction and utilization in

abandoned coal mines in China[J]. Safety in Coal Mines, 2021, 52(7): 162-169.

[36] Peng S, Piao S, Bousquet P, et al. Inventory of anthropogenic methane emissions in mainland China from 1980 to 2010[J]. Atmospheric Chemistry Physics, 2016, 16(22): 14545-14562.

[37] Miller S M, Michalak A M, Detmers R G, et al. China's coal mine methane regulations have not curbed growing emissions[J]. Nature Communications, 2019, 10(1): 1-8.

[38] Zhu T, Bian W, Zhang S, et al. An improved approach to estimate methane emissions from coal mining in China[J]. Environmental Science & Technology, 2017, 51(21): 12072-12080.

[39] Huang Y, Yi Q, Kang J X, et al. Investigation and optimization analysis on deployment of China coal chemical industry under carbon emission constraints[J]. Applied Energy, 2019, 254: 113684.

[40] 国家发展和改革委员会应对气候变化司. 2005 年中国温室气体清单研究[M]. 北京: 中国环境出版社, 2014.

[41] Zhou A, Hu J, Wang K. Carbon emission assessment and control measures for coal mining in China[J]. Environmental Earth Sciences, 2020,79(461):1-15.

[42] Liu Z, Guan D, Wei W, et al. Reduced carbon emission estimates from fossil fuel combustion and cement production in China[J]. Nature, 2015, 524(7565): 335-338.

[43] Jiang J K, Hao J M, Wu Y. Development of mercury emission inventory from coal combustion in China[J]. Environmental Science, 2005, 26(2): 34-39.

[44] Sun C Z, Ye D W. Overview of sulfur content distribution in raw coal and commercial coal in China[J]. Coal Technology, 2012, 19(2): 5-9.

[45] 林伯强，魏巍贤，李丕东. 中国长期煤炭需求：影响与政策选择[J]. 经济研究，2007(2): 48-58.

[46] 李维明，何花，李维红. 基于经济周期视角的煤炭消费和 GDP 关系探究[J]. 中国矿业，2012, 21(8): 45-50.

[47] 丁志华，李文博，冯猜猜，等. 煤炭供需变动对我国宏观经济的影响研究——基于价格传导路径的分析[J]. 中国矿业大学学报, 2015, 44(6): 1140-1146.

[48] 林伯强，吴微. 中国现阶段经济发展中的煤炭需求[J]. 中国社会科学，2018(2): 141-161, 207-208.

[49] 方行明，杨锦英，郑欢. 中国煤炭需求增长极限及其调控[J]. 经济理论与经济管理，2014(12): 63-73.

[50] 刘峰. 科技进步有力推动了煤炭工业生产方式转变[J]. 中国煤炭工业, 2019(1): 11.

[51] 蔡义名，付振峰，孙田军. 依靠科技进步提高煤炭资源可采量[J]. 山东煤炭科技，2011(6): 234-236.

[52] 谢宏，张亚，韦善阳. 2006-2015 年煤炭行业科技进步贡献率测算研究[J]. 中国煤炭，2015, 41(6): 14-17, 62.

[53] 李百吉, 张倩倩. 我国煤炭工业科技进步贡献率的测算[J]. 中国煤炭, 2016, 42(3): 19-23.

[54] 姜大霖, 程浩. 中长期中国煤炭消费预测和展望[J]. 煤炭经济研究, 2020, 40(7): 16-21.

[55] 方行明, 何春丽, 张蓓. 世界能源演进路径与中国能源结构的转型[J]. 政治经济学评论, 2019, 10(2): 178-201.

[56] 安慧昱. 我国可再生能源替代化石能源的发展现状及问题研究[J]. 北方经济, 2019(4): 52-54.

[57] 郭扬, 李金叶. 我国新能源对化石能源的替代效应研究[J]. 可再生能源, 2018, 36(5): 762-770.

[58] 王俊. 基于能源价格变化视角清洁能源对传统能源替代强度研究[D]. 天津: 天津财经大学, 2017.

[59] 刘晓红. 低碳视觉下我国煤炭、石油与可再生能源的替代[J]. 中国农业资源与区划, 2017, 38(3): 161-168.

[60] 段光正. 能源革命: 本质探究及中国的选择方向[D]. 郑州: 河南大学, 2016.

[61] 王韶华. 基于能源内部替代的降低煤炭消费比例对 ESCEC 的灵敏度分析[J]. 科技管理研究, 2015, 35(13): 234-240.

[62] Liu W, Zhang X, Feng S. Does renewable energy policy work? Evidence from a panel data analysis[J]. Renewable Energy, 2019, 135: 635-642.

[63] 涂强, 莫建雷, 范英. 中国可再生能源政策演化, 效果评估与未来展望[J]. 中国人口·资源与环境, 2020, 235(3): 31-38.

[64] 林伯强, 李江龙. 环境治理约束下的中国能源结构转变: 基于煤炭和二氧化碳峰值的分析[J]. 中国社会科学, 2015(9): 84-107, 205.

[65] 戴彦德, 田智宇, 朱跃中, 等. 重塑能源: 面向 2050 年的中国能源消费和生产革命路线图[J]. 经济研究参考, 2016(21): 3-14.

[66] 武晓明, 王思薇, 李永清. 中国煤炭政策变迁与煤炭需求: 1979-2005[J]. 西安科技大学学报, 2008(1): 150-154.

[67] 臧元峰, 王强. "重点区域煤炭消费减量替代"的现状与未来展望[J]. 煤炭经济研究, 2018, 38(7): 13-20.

[68] 宋豪, 张艳, 高天明, 等. 基于神经网络的环境约束下我国煤炭需求预测[J]. 中国矿业, 2021, 30(5): 72-78.

[69] 张洪潮, 李秀林. 基于灰色关联度的煤炭产业固定资产投资影响研究[J]. 会计之友, 2013(10): 41-44.

[70] 宋涛, 陈美佳, 陈浩. 供给侧改革下影响中国煤炭优质供应的因素分析[J]. 煤炭经济研究, 2018, 38(12): 6-11.

[71] 任世华, 秦容军, 郑德志. 新时期煤炭行业发展方式变革动力与方向[M]. 北京: 中国发展出版社, 2022.

[72] 李杨，齐北荻，杨思宇，等. 国内外煤炭行业从业人员及人才培养现状研究[J]. 煤炭经济研究, 2018, 38(1): 47-51.
[73] 张永胜，王博，牛冲槐. 资源整合后的山西煤炭工业人力资源需求预测[J]. 煤炭经济研究, 2010, 30(12): 78-83.
[74] 李炜怿，成洋，李智. 西部地区煤炭行业技术技能人才需求现状分析与研究[J]. 教育教学论坛, 2017(14): 88-89.
[75] 刘冰，马宇. 产业政策演变、政策效力与产业发展——基于我国煤炭产业的实证分析[J]. 产业经济研究, 2008(5): 9-16.
[76] 杨恒. 煤炭去产能政策对产业结构调整的影响——基于省级面板数据的双重差分模型检验[J]. 中国煤炭, 2020, 46(12): 41-44.
[77] 贺玲，崔琦，陈浩，等. 基于CGE模型的中国煤炭产能政策优化[J]. 资源科学, 2019, 41(6): 1024-1034.
[78] Lin J, Khanna N, Liu X, et al. China's non-CO_2 greenhouse gas emissions: Future trajectories and mitigation options and potential[J]. Scientific Reports, 2019, 9(1): 1-10.
[79] 张言方. 政策传导下中国煤炭价格波动及其宏观经济效应研究[D]. 徐州：中国矿业大学, 2019.
[80] 马立平. 统计数据标准化-无量纲化方法-现代统计分析方法的学与用(三)[J]. 北京统计, 2000(3): 34-35.
[81] 吴艳敏. 基于结构方程模型的我国工业环境效率评价研究[D]. 长沙：湖南大学, 2017.
[82] 吴林海，侯博，高申荣. 基于结构方程模型的分散农户农药残留认知与主要影响因素分析[J]. 中国农村经济, 2011(3): 35-48.
[83] 徐万里. 结构方程模式在信度检验中的应用[J]. 统计与信息论坛, 2008(7): 9-13.
[84] 于洋，戴俊明，李晓梅，等. 健康安全氛围量表的信度与效度研究[J]. 环境与职业医学, 2021, 38(11): 1214-1218.
[85] 何建民，潘永涛. 服务经销商顾客感知价值测量工具的开发及信效度检验[J]. 西南民族大学学报(人文社会科学版), 2015, 36(3): 123-129.
[86] 张水波，康飞. 工程项目经理胜任特征测量：模型构建及效度检验[J]. 软科学, 2014, 28(3): 73-77.
[87] 张磊楠，张欣，王永贵. 营销渠道成员间竞合行为测量模型研究：量表开发与效度检验[J]. 南京社会科学, 2014(4): 30-37.
[88] 王忠军，龙立荣. 评价中心的结构效度研究[J]. 心理科学进展, 2006(3): 426-432.
[89] Voegtlin C. Development of a scale measuring discursive responsible leadership[J]. Journal of Business Ethics, 2011, 98(9): 57-73.
[90] 王建军，张勇，池宏. 我国商业银行客户忠诚度研究[J]. 南开管理评论, 2006(4): 29-34.
[91] 王圣，王慧敏，蒋松凯，等. 江苏省沿海地区经济发展与碳排放相关性研究[J]. 中国人

口·资源与环境, 2011, 21(6): 170-174.

[92] 方杰, 温忠麟, 张敏强, 等. 基于结构方程模型的多重中介效应分析[J]. 心理科学, 2014, 37(3): 735-741.

[93] 郭雪萌, 陈炳尧, 王琨, 等. 全要素生产率的测度与国际比较[J]. 统计与决策, 2022, 38(12): 146-149.

[94] 关博, 王立杰. 1990-2017 年中国煤炭工业资本存量再估算[J]. 煤炭工程, 2019, 51(8): 173-176.

[95] 朱有为, 徐康宁. 研发资本累积对生产率增长的影响——对中国高技术产业的检验(1996-2004)[J]. 中国软科学, 2007(4): 57-67.

[96] 王开科. R&D 资本存量估计: 1995～2017[J]. 税务与经济, 2018(5): 19-25.

[97] 康红普, 谢和平, 任世华, 等. 全球产业链与能源供应链重构背景下我国煤炭行业发展策略研究[J]. 中国工程科学, 2022, 12(6): 1-12.

[98] 国务院发展研究中心. 第 49 号(总 6114 号)分四个阶段实现 2060 碳中和调查研究报告[R]. 北京: 国务院发展研究中心, 2021.

[99] Vollset S E, Goren E, Yuan C W, et al. Fertility, mortality, migration, and population scenarios for 195 countries and territories from 2017 to 2100: A forecasting analysis for the Global Burden of Disease Study[J]. The Lancet, 2020, 396(10258): 1285-1306.

[100] Allen M R, Barros V R, Broome J, et al. Climate change 2014: Synthesis report[R]. Geneva, Intergovernmental Panel on Climate Change, 2014.

[101] 蔡博峰, 李琦, 张贤, 等. 中国二氧化碳捕集利用与封存(CCUS)年度报告(2021)——中国 CCUS 路径研究[R]. 北京武汉: 生态环境部环境规划院, 中国科学院武汉岩土力学研究所, 中国 21 世纪议程管理中心, 2021.

[102] Xie Y C, Qi J G, Zhang R, et al. Toward a carbon-neutral state: A carbon-energy-water nexus perspective of China's coal power industry[J]. Energies, 2022, 15: 4466.

[103] Kirkley J, Catherine J, Paul M, et al. Capacity and capacity utilization in common-pool resource industries[J]. Environmental & Resource Economics, 2002, 22(12): 71-97.

[104] 刘逸飞. 基于双层规划的煤炭去产能配额分配研究[D]. 徐州: 中国矿业大学, 2020.

[105] 赵成. 基于多目标规划的中国煤炭去产能省区分配研究[D]. 徐州: 中国矿业大学, 2018.

[106] 赵梦楠, 周德群. 煤炭行业全要素生产率的区域差异[J]. 统计与决策, 2007(5): 81-82.

[107] 王玲. 中国工业行业资本存量的测度[J]. 世界经济统计研究, 2004(1): 14-25.

[108] 陈诗一. 中国工业分行业统计数据估算 1980-2008[J]. 经济学(季刊), 2011, 10(3): 735-770.

[109] 陈正其. 中国工业分行业资本存量估计[J]. 经济研究导刊, 2013(34): 3-5.

[110] 薛俊波, 王铮. 中国 17 部门资本存量的核算研究[J]. 统计研究, 2007, 27(1): 49-54.

[111] 翁宏标, 王斌会. 中国分行业资本存量的估计[J]. 统计与决策, 2012(12): 89-92.

[112] 单豪杰. 中国资本存量 K 的再估算: 1952-2006 年[J]. 数量经济技术经济研究, 2008(10): 17-31.

[113] 郭佳. 我国煤炭工业科技进步贡献率研究[D]. 北京: 中国矿业大学(北京), 2015.

[114] 郭斌. 我国煤炭产能过剩的形成机理与化解机制研究[D]. 北京: 中国矿业大学(北京), 2020.

[115] 朱宇婷. "柔性""健康"将成为煤炭行业发展主题词[N]. 中国电力报, 2019-12-28(5).

[116] 王哮江, 刘鹏, 李荣春, 等. "双碳"目标下先进发电技术研究进展及展望[J]. 热力发电, 2022, 51(1): 52-59.

[117] 王丽丽. "双碳"目标下煤炭的舞台与机遇[N]. 中国煤炭报, 2021-07-15(3).

[118] 朱妍, 贾科华. 中国工程院院士谢和平: 碳中和给煤炭行业带来三大机遇[N]. 中国能源报, 2021-08-02(16).

[119] 田惠文, 张欣欣, 毕如田, 等. 煤炭开采导致的农田生态系统固碳损失评估[J]. 煤炭学报, 2020, 45(4): 1499-1509.

[120] 王双明, 申艳军, 孙强, 等. 西部生态脆弱区煤炭减损开采地质保障科学问题及技术展望[J]. 采矿与岩层控制工程学报, 2020, 2(4): 5-19.

[121] 陈欢欢. 煤炭事故缘何频发科研缺位是根源[N]. 科学时报, 2010-12-20.

[122] 武晓娟. 煤炭应实现科学消费——专访中国工程院院士钱鸣高[N]. 中国能源报, 2015-11-16(3).

[123] 谢和平. 中国能源发展趋势与能源科技展望[J]. 中国煤炭, 1998(5): 7-14.

[124] 钱鸣高. 煤炭的科学开采[J]. 煤炭学报, 2010, 35(4): 529-534.

[125] 钱鸣高, 许家林, 王家臣. 再论煤炭的科学开采[J]. 煤炭学报, 2018, 43(1): 1-13.

[126] 王家臣, 刘峰, 王蕾. 煤炭科学开采与开采科学[J]. 煤炭学报, 2016, 41(11): 2651-2660.

[127] 王伟. 煤炭行业要自我革命——访中国工程院院士谢和平[J]. 能源评论, 2018, 1(8): 50-53.

[128] 谢和平, 高峰, 鞠杨, 等. 深部开采的定量界定与分析[J]. 煤炭学报, 2015, 40(1): 1-10.

[129] 谢和平, 周宏伟, 薛东杰, 等. 煤炭深部开采与极限开采深度的研究与思考[J]. 煤炭学报, 2012, 37(4): 535-542.

[130] 谢和平, 鞠杨, 高明忠, 等. 煤炭深部原位流态化开采的理论与技术体系[J]. 煤炭学报, 2018, 43(5): 1210-1219.

[131] 谢和平, 高峰, 鞠杨, 等. 深地煤炭资源流态化开采理论与技术构想[J]. 煤炭学报, 2017, 42(3): 547-556.

[132] Xie H P, Ju Y, Gao F, et al. Groundbreaking theoretical and technical conceptualization of fluidized mining of deep underground solid mineral resources[J]. Tunnelling and Underground Space Technology, 2017, 67: 68-70.

[133] Xie H P, Ju Y, Ren S H, et al. Theoretical and technological exploration of deep in situ

fluidized coal mining[J]. Frontiers in Energy, 2019, 13(4): 603-611.
[134] 谢和平, 周宏伟, 鞠杨, 等. 一种适用于深部煤炭资源的流态化迴行开采结构及方法[P]. 广东省: CN111287748A, 2020-06-16.
[135] 周福宝, 刘应科, 蒋名军, 等. 一种流态化煤气同采系统及其同采方法[P]. 江苏省: CN110656937B, 2020-08-04.
[136] 谢和平, 高明忠, 高峰, 等. 关停矿井转型升级战略构想与关键技术[J]. 煤炭学报, 2017, 42(6): 1355-1365.
[137] 李佳洺, 余建辉, 张文忠. 中国采煤沉陷区空间格局与治理模式[J]. 自然资源学报, 2019, 34(4): 867-880.
[138] 谢和平, 侯正猛, 高峰, 等. 煤矿井下抽水蓄能发电新技术: 原理、现状及展望[J]. 煤炭学报, 2015, 40(5): 965-972.
[139] 李庭, 顾大钊, 李井峰, 等. 基于废弃煤矿采空区的矿井水抽水蓄能调峰系统构建[J]. 煤炭科学技术, 2018, 46(9): 93-98.
[140] 谢和平, 高明忠, 刘见中, 等. 煤矿地下空间容量估算及开发利用研究[J]. 煤炭学报, 2018, 43(6): 1487-1503.
[141] 祝捷, 张敏, 姜耀东, 等. 煤吸附解吸 CO_2 变形特征的试验研究[J]. 煤炭学报, 2015(5): 1081-1086.
[142] 吴迪, 刘雪莹, 孙可明, 等. 残留煤层封存 CO_2 试验研究[J]. 硅酸盐通报, 2016, 35(7): 2230-2233, 2240.
[143] 国际能源署. 关键矿物原材料在能源转型过程中的作用[R]. 巴黎: 国际能源署, 2021.
[144] 任世华, 曲洋. 煤炭与新能源深度耦合利用发展路径研究[J]. 中国能源, 2020, 42(5): 20-23, 47.
[145] 王伟. 让废弃矿井“重生”——访中国工程院院士袁亮[J]. 能源评论, 2018(2): 48-51.
[146] 高莎莎, 王延斌. 煤层碳封存的物理化学反应及选址启示[J]. 煤炭技术, 2016, 35(2): 12-15.
[147] 王刚, 杨曙光, 李瑞明, 等. 新疆煤层气开发、煤炭地下气化与碳封存滚动开发模式探讨[J]. 中国煤层气, 2019, 16(5): 42-46.
[148] 谢和平, 刘涛, 吴一凡, 等. CO_2 的能源化利用技术进展与展望[J]. 工程科学与技术, 2022, 54(1): 145-156.
[149] 张贤, 李凯, 马乔, 等. 碳中和目标下 CCUS 技术发展定位与展望[J]. 中国人口·资源与环境, 2021, 31(9): 29-33.
[150] 鲁博文, 张立麒, 徐勇庆, 等. 碳捕集、利用与封存(CCUS)技术助力碳中和实现[J]. 工业安全与环保, 2021, 47(S1): 30-34.
[151] 吴兴亮, 吕凌辉, 马清祥, 等. 甲烷二氧化碳重整镍基催化剂的研究进展[J]. 洁净煤技术, 2021, 27(3): 129-137.